U0140126

串流音樂為何能
精準推薦「你可能喜歡」
You Have Not Yet Heard Your Favourite Song

從演算機制、音樂經濟到文化現象
前Spotify資料錬金師全剖析

Glenn McDonald
葛倫・麥當諾　　鄭煥昇　譯

「讀完這本書之後，我想過要收掉電子報」

Brien John ／音樂產業研究媒體《22 世紀衛星》創辦人

音樂串流是從什麼時候開始成爲你的日常？

對於二〇〇〇年後出生的人而言，這個問題可能取決於兩個時間點：第一是你何時愛上音樂，第二是父母何時允許你擁有自己的智慧型手機。對於二〇〇〇年前出生的人而言，這個問題則或多或少關乎你對新科技的適應程度、以及價格和便利的考量何時壓過了收藏與擁有的習慣。

學生時代起就常常餓著肚子把午餐錢拿去買 CD 的我當然是後者。約莫十年前，我在一家獨立唱片進口代理商工作，對音樂串流懷著相當複雜的心情。一方面，串流擁有空前的龐大曲庫，讓我這種把研究音樂當興趣的重度樂迷再也沒有聽不到的音樂、不用再跑遍全台唱片行翻箱倒櫃；另一方面，串流創造出新的音樂經濟，讓我的業績每況愈下，也形塑了一種我當時並不樂見的

消費文化。

　擁抱串流的普遍論調是「就算載體不同，音樂永遠不會變」。乍聽之下很合理，但漸漸地，大家就發現音樂還真的會變。以播放次數比例計算的串流經濟使音樂產業內財富重新分配，有的藝人因此收入減少，寧可多接現場演出、少進錄音室製作歌曲。以播放清單為主的音樂推薦機制，讓藝人發行作品的重心從專輯移往單曲。相較於起承轉合的鋪陳，晚近的音樂創作更追求搶耳開頭，以對抗聽眾日漸缺乏耐心的隨選聆聽習慣。播放清單與個人化演算法的興起，使得聽眾不再需要費神研究該聽什麼，於是動態範圍小、適合被動聆聽的音樂大行其道……。

　串流就像水龍頭，扭開開關，音樂自來。人類漫長的歷史中，有水龍頭的日子不過一瞬。如今看似日常的串流，也只是專屬於此時此刻的奇景。

　我自己終究沒有守住購買 CD 的堅持。Apple Music 正式開始營運的二〇一五年，台灣並不在服務地區之列，但我為了一探究竟，特別去申請 Apple 日本區帳號。一年之後，我所有的音樂聆聽都移至串流服務上進行了。有一段時間，基於好奇使用體驗與不同國家的推薦內容等理由，我同時擁有多達五個不同串流服務的付費帳號。

　或許是因為經歷過心態和使用行為的改變、加上身在業界，我對於音樂串流的非恆定狀態，以及其牽涉的複雜議題特別感興趣。當我去年初開始經營專門研究音樂產業的電子報暨社群《22

世紀衛星》，音樂串流自然也成為其中不斷探索的主題。不過，近年台灣音樂產業十分側重現場演出，反倒對於如此日常的串流缺乏足夠認識，使得許多相關討論難以有效進行。我常常想，要是有什麼讀物能補足這方面的知識空缺就太好了，而這本書《串流音樂為何能精準推薦「你可能喜歡」》來得正是時候。就我看來，它是繼二〇一七年回顧音樂非法下載年代的《誰把音樂變免費》（How Music Got Free）的時間線之後，又一部在台灣得以翻譯出版、深度解析科技如何改變音樂產業和文化的重要文本。

作者葛倫・麥當諾現年約五十七歲，走過音樂載體一路以來的沿革。他既是充滿感性的樂迷、唱片收藏者，也是十分理性的資深軟體工程師。他過去十二年所服務的新創公司「回聲巢」（The Echo Nest），堪稱如今音樂串流服務演算法的濫觴；而隨著該公司被 Spotify 收購，他也在這個全球音樂產業核心見證了各種趨勢的發生和爭議的論辯。在這本書裡，你不會看到 Spotify 的營業祕密，但你能一口氣接觸到音樂串流幾乎所有面向的議題。舉凡版稅分潤機制、歌曲授權上架流程、音樂推薦演算法的設計概念、聆聽行為模式與產業角力、甚至網路時代鋪天蓋地的監控資本主義，在書中都有深入淺出的探討。同時，作者可能也是對於全世界各種奇形怪狀的音樂最如數家珍的人之一。他抱持極大的熱情，透過調校演算法的過程鑽進這些音樂社群的發展脈絡，親身體現出音樂串流能為使用者帶來多麼驚艷的跨文化體驗。

在本書出版之前，早就有許多樂迷知道《噪音一把抓》（Every

Noise at Once）這個作者利用 Spotify 大數據打造的音樂系譜網站。當中有一項功能叫「Spotify New Releases by Genre」，顧名思義，會依照發行日期和音樂類型列出 Spotify 上「所有」的新發行專輯與歌曲資料。這個「所有」非常重要，因為串流服務具有非常嚴重的「末端陳列」現象，意即使用者往往只能看見展示在賣場最外側的商品，難以走進貨架之間自行一一瀏覽。這項功能可以讓所有商品無差別擺出來，不用擔心被演算法或他人的策展過濾掉，是我先前為了在電子報裡推薦新專輯時用來蒐集資料的必備工具。可惜的是，作者在今年稍早遭 Spotify 裁員，該功能再也無法串接內部資料而隨之停擺。

　　「在讀完這本書之後，我想過要收掉這份電子報。」我非常喜愛的音樂產業資料分析師克里斯・達拉・瑞瓦（Chris Dalla Riva）在其電子報《Can't Get Much Higher》裡如此評價這本書，這幾乎也是我的讀後感，因為作者實在寫得太完整了，其他人還有什麼好瞎忙的呢？真的要挑毛病的話，就是作者畢竟在 Spotify 工作多年，對於音樂串流懷抱相當正面的看法，而這些看法不見得能處理產業中因串流衍生的諸多問題。但無論如何，相信這本書會帶給你莫大的啟發，讓你不只找到下一首「你可能喜歡」的歌曲，更了解在日常的音樂水龍頭背後，我們究竟是處在什麼樣的科技與文化管線錯縱交會的時空。

推薦序
一本串流時代的除魅之書

阿哼／Blow 吹音樂主筆

　　我在音樂平台的同事 Y 是一個非常聰敏的女性，兼具音樂品味與科技新知好奇心，她是我認識的人裡面少數會小心編排自己數位足跡的人，在使用 Spotify 時，她只會點播那些真心喜歡的歌，如果你推薦她點開那些她不想聽的，她會衝著你大喊：「不要破壞我的演算法！」

　　Y 的謹慎其來有自，畢竟我們活在一個每天被動收播資訊的時代，從 Facebook、Instagram 到 YouTube 首頁，每一鍵搜尋與停留時間，都在不知不覺間被蒐集（或者你也可以說，在那些長到幾乎不會有人讀完的註冊同意書中被授權出去）給科技公司，以便他們更了解你的興趣、習慣，再餵給你更「精準」的資訊與功能，讓你盡可能停留在他們的平台上。

　　先不論反烏托邦小說讀者熱衷的數位監控這回事，這樣的資

訊交易對多數人具有一定的方便性，在演算法發揮效用時，我們的確縮短了觸及內容的成本。以聽音樂來說，我們不必像以前一樣得到唱片行排隊，花一個下午試聽，才能找到櫃上最喜歡的專輯拿去結帳——況且櫃上的專輯，還未必有你最喜歡的——。假設「演算法養得好」，它還可以在你播完一張專輯後，自動推播一首符合你脾胃的歌，或者在你點開應用程式時立刻獻上摯愛歌手的新專輯，引誘你趕緊投入一段聆聽體驗。

世界如此之大，音樂如此之多，過去我們一生未必能觸及、遠在異國的小眾歌曲，如今點開串流平台，幾乎都能立刻聽見（如果它有授權上架的話）。對於每分每秒都想聽音樂的人而言，這恐怕是最舒爽的時代了，然而如此方便的串流平台仍時常遭受非議，讓人在使用時感覺不太道德，其中最常見的批評便是「分潤機制扼殺音樂人生存」，就連富可敵國的歌手泰勒絲都曾就此議題發聲，並一度從 Spotify 下架作品，她說的難道會錯嗎？

《串流音樂為何能精準推薦「你可能喜歡」》的作者葛倫‧麥當諾將告訴你，大明星泰勒絲說的不全有理；而在光譜另一端，獨立音樂人所批判的「串流分潤機制把他們該拿的錢，搬運給流量巨星」一說，也不完全正確。

上網搜尋葛倫‧麥當諾的 LinkedIn，你會看見一張身披各種音樂類型名詞在身上的大頭照，隨附一句絕妙的自我介紹：「我和人們討論音樂，和機器討論人類。」在 Spotify 擔任資料煉金師十年期間，他曾協助 Spotify 開發許多功能，這些功能的目標宗旨

是服務聽眾，盡可能探索接觸到世界上的好音樂，同時讓音樂人和他們遍布全球角落的聽眾相遇。

在書中，麥當諾用數學與邏輯推論，有力地解釋當前串流的兩大分潤方式（播放比例制、使用者中心制）分別有利於誰，並指出上述爭議裡的討論盲點，如何忽略了不同音樂人、唱片公司、著作集管單位、串流平台洽談授權與分潤的過程，以及Spotify 在世界各地針對不同族群設計的銷售方案；甚至更重要的，聆聽時間、習性各異的聽眾，對此題產生的影響力。

除了分潤機制，麥當諾也為下列爭議打上問號：「串流扼殺專輯形式」、「串流排擠冷門樂種」、「串流可以買粉打榜」、「串流助長性別不平等」（有一說，Spotify 的鄉村歌單幾乎只推薦男性歌手）……。他時而像串流客服人員，細心地為你解答，時而像個世故但不故作清高的導師，坦誠寫下：「大部分企業系統都是服務有權有勢者的作弊系統」、「演算法不懂得甚麼叫做在乎，它只記得自己受過訓練」，這類醒腦金句。

然而，為串流技術除魅，不過是這本書最淺層的意義。閱讀《串流音樂為何能精準推薦「你可能喜歡」》，我發現麥當諾是個比我認識的人都還要狂熱的樂迷，除了鍾情金屬樂、自修古典樂，也和夥伴設計出曲風檢索網站《噪音一把抓》（*Every Noise at Once*），蒐羅世界上超過六千種音樂類型標籤！

音樂社群性與聽眾自主性，是麥當諾在書中不斷強調的。在Spotify 任職期間，他經常透過聽歌數據，追蹤世界各地的創作生

態與族群，從身處阿拉伯國家聆聽聖誕歌曲的菲律賓移工，到位於 Minecraft 上的虛擬社群都不例外。

精通理性的電腦工程語言，卻對音樂文化具有人文的考究精神，我想這是為何他在書中回憶，早年為客戶設計「搖滾電台」搜尋引擎竟跑出「蕾哈娜」後，可以發覺錯誤並修正系統對於「搖滾」的判斷依據，而不會因此定奪蕾哈娜在二〇〇九年發過一首歌叫〈搖滾明星一〇一〉（ROCKSTAR 101），聽眾就會想在點開「搖滾電台」後聽見她的歌聲而不皺眉頭。

串流重塑了音樂的經濟模型，對音樂生產與聆聽的影響甚鉅。《串流音樂為何能精準推薦「你可能喜歡」》作為一本巷仔內的解答之書，試圖喚醒的是串流讓我們暢遊音樂之海的熱情善意，而不是凝視未知、深怕被操弄的恐懼。

麥當諾充滿理想地寫道：「我希望串流不僅要協助艱澀的音樂活下去、要持續提供現有的幫助，而是能化為實際的證明，證明音樂、找到音樂的過程，還是始於內心自我覺察的旅程，其實都不『艱澀』。」

串流降低了接觸音樂的門檻，但啟程的腳步與感受的心仍長在我們身上。我想回應他最好的方法，是向我的同事 Y 學習，理解演算法的規則，並在此之上捍衛自己聽的權利與方向。透過本書的建言，為自己的聽覺掌舵，在主動邁向下一首最愛的歌的航程中，試著再次感到自由。

目次

#引言

　　曾經網路還年輕、我也還年輕，而音樂早已不年輕了的那時，我真心想過要成為一名搖滾明星。雖然我怎麼看都不大像是塊搖滾明星的料，但我在大學畢業後找到的那份電腦工作，本來也沒有打算做很久。

　　搖滾明星之路終究是個神秘又複雜的過程，就算是在一九八九年，搖滾明星界也沒有人力特別短缺的問題。電腦工作相對之下要單純許多，而且電腦本身也不乏許多嶄新而瘋狂、有待實現的潛力。我花了二十多年的時間設計企業資訊管理的電腦系統，但我一直用這些系統來整理音樂資料，並且就這樣來到了二〇一一年，流淌在網際網路上的音樂資料已經多到足以讓一家名為「回聲巢」（The Echo Nest）的新創公司看到了商機。他們想要把對音樂資料的理解變成一門生意，我有點心虛，但仍舊讓他們相信這

件事我辦得到。

在回聲巢，我們做的是「音樂情報工作」（music intelligence），意思是提供廣播與推薦功能給其他的音樂服務業者。如果有人問我：「像 Spotify 那種音樂服務嗎？」我會回答：「沒錯，就像 Spotify 那種。」很多音樂服務業者仰賴我們的服務，但當中就是沒有 Spotify。所以局面就變成了 Spotify 跟回聲巢的賽跑，勝敗就看他們是不是能學著把音樂情報工作做到比我們更厲害，或是能不能累積到足夠的財力把我們買下來。結果 Spotify 在二〇一四年把回聲巢買了下來，而我也就此被捲進了音樂串流的演算法漩渦中。

十年後的現在，幾乎所有人都能接觸到全世界（至少絕大部分）的音樂，這是人類歷史上前所未有的事情。但那對於一名想要觸及零星的第一批粉絲、或第兩千名、甚至第八百萬名粉絲的藝人而言，又意味著什麼呢？那對面對著無限多的選擇，試著要判斷出這是個悖論還是天堂的聽歌者而言，又代表著什麼呢？當全世界的音樂時都唾手可得時，你會怎麼辦？我是說，顯然你會做的第一件事是去聽你大學愛聽的那張數烏鴉樂團（Counting Crows）的專輯，你可能搬家時把它裝箱，到現在都還躺在裡面。但聽完了，然後呢？我們要怎麼把這麼多的音樂整理出可以按圖索驥的形態？如今的音樂體驗又會變成什麼樣子呢？

接下來不論我做什麼工作，這些問題都成了我個人念茲在茲的執著，但 Spotify 坐擁五億人的串流資料，而頂著一個中二的職稱「資料鍊金師」（Data Alchemist），意味著我必須花十年的時

間去試著搞清楚一件事，那就是如何把這些資料變成有用或有看頭的東西。這並不是一本講 Spotify 的書。我已經不在 Spotify 上班，我在此的意見也決計不代表 Spotify 作為一家企業的意見——前提是你相信一家公司也可以有意見。我在書裡提到我在那裡任職時的情況，在我離開後或在各位讀到這裡時，可能都已經有所改變。我不會透露 Spotify 的內部機密，因為不知道企業機密壓根不影響各位認識音樂串流。但各位可能好奇為什麼有些事情行得通，這我知道一些，或許更重要、同時也肯定更常出現的狀況是，各位可能想當然以為有些行得通、但其實行不通的事，而這部分我也知道一些。事實上，行不通的事情我知道很多。從時間看來，我工作大多時候都在發想一些餿主意，然後再百般不情願地放棄它們。惟我並不認為這是因為我做不好工作。我認為這是因為我們人類作為一個物種，才剛剛開始想要回答這些問題，也才剛開始思考隨著歌曲不再需要被蝕刻在塑膠片上，一次賣一張，日後的人類音樂文化可以是什麼模樣。我不知道音樂的未來確切會是什麼長相，各位也不該相信有人敢大言不慚地這麼聲張，但我目前的想法是人類音樂未來的走向，多半應該不脫下面這四種基本概念的某一版演化：

一、有了串流，探索便可以取代採購：尋找音樂曾經是一種等同於購物的體驗。iTunes 固然把音樂商店帶到了線上，但虛擬的商店是什麼？還是商店。而商店不是圖書

館。你進入商店去瀏覽跟選購，而後你購入與收藏的作品就成了你聆聽音樂的空間邊界。串流的出現意味著音樂探索可以無縫變成一種聆聽體驗，中間沒有任何阻礙。你可以放手嘗試你以前絕對不會自掏腰包去買的作品。你可以把音樂用在那些你以前絕不會為其花一毛錢的目的上。想聽聽看的音樂你現在不用怕沒預算，你只怕自己時間不夠聽不完。

二、聆聽資料可以讓我們知道別人知道的事情：從採購過渡到串流，意味著我們現在可以確切知道大家都在聽些什麼，而且他們的聆聽模式可以讓我們的音樂世界自發生成秩序。所有的新式演算法，有時會給人一種機器人密謀在稱霸世界的印象，但它們其實就是一種數學，只不過這種數學可以把眾人的集體聆聽數據彙整起來，整理出歌曲與歌曲之間或聽者與聽者之間的潛在關係。數學本來就有能力針對人的偏好進行編碼，然後加以解構。華麗的數學則可以用你看不懂的方式，對複雜的偏好進行編碼，並從中挖掘出微妙且讓人大開眼界的真相。機器學習可以用人類看不出個所以然的手法去對難以理解的人類偏好進行編碼，或是變出一些不按牌理出牌的魔法。這種種數學手段都只是人類用來達成各種目的的工具。至於要達成什麼目的，取決於我們自己。

三、音樂可以把我們連結起來，團結起來：我們讓音樂串流，但在同一時間，我們也多多少少面對著氣候變遷的危機與排外心態的擴散。想在這些危機中共同存活下來，我們需要的是人人都在精神上篤信他人即我們，其他人也跟我們擁有著並無二致的人性，而且這樣的觀念必須大加普及。民族主義只會讓地球上的一個個國家各自滅頂。唯有全球主義可以解決全球性的問題。而音樂與食物是我們的兩把利器，可以讓世人看見多元性所蘊藏的歡愉與喜悅有多大的可能性。當一個人的麵包與歌曲進到你心裡，你就再也無法憎恨他們了。

四、你還沒有聽過你最喜歡的歌：不論你聽過多少歌曲，那數量跟世上所有歌曲比起來非常非常少。事實上即便只跟這星期剛完成的新歌數量相比，都少到不行。不論你知道的音樂有多少，那與存在於世間的作品總量相比都只是冰山的小小一角。換句話說，你幾乎沒有機會聽過那龐大音樂庫中任何一首你會喜歡的歌曲，除非你能找到它們。就統計上來看，你很可能還沒有聽到你真正最喜歡的那首歌。

所以此刻我們在這裡，在一個我相信會徹底改變一切的起點上。我相信不論你跟我怎麼做，這樣東西都會精彩無比，因為你

跟我只是區區兩個人，而這個世界廣大無垠。但你跟我怎麼做會決定一件事情，那就是我們個人在音樂中的人生能精彩到何種境地。我們擁有此刻的生命，所以這件事有我們的一席之地，但前提是我們必須選擇參與。

我選擇參與，是因為我是我，是因為音樂幾乎是我在世上最在乎的事情，而我希望有更多的音樂可以聽。你在乎的理由可能是你也想接觸更多音樂。或者是因為你知道個世界很大，但你總感覺被困在你已經知道的小小世界裡。又或者你恰好是個音樂人，而你在乎是因為這些問題跟它們的答案有點會決定你有沒有辦法（或該用什麼辦法）去靠音樂養活自己。還有一種可能性是你是科技的研究者，或是科技的研究對象，而這些關於把演算法應用到音樂品味上的故事或教訓在你看來，也是一個電腦與人可以如何普遍共存的故事。最後還有一種可能是你與我英雄所見略同，都覺得音樂可以幫助我們改變這個世界的相互猜忌與山頭林立，把這世界變成一個全球性的社區。

那就是我對我自己、對在看這本書的你，也對世間每一個人的期許：我希望大家能一起來參與這件事情。我希望大家去聽那些我們平常不會去聽的歌曲；去在明明可以宅在家的時候踏上探險的行旅；去在別人身上看見自己，並藉此明瞭自身的角色；去把心胸敞開，然後將之填滿，並最終在這過程中，蛻變成一個心中滿溢著音樂與愛的物種。

第一部

遙想那個
還沒有連結的年代

啟程未來之前，簡述我們現在身在何處

#第1章
珍貴的點唱機

消費音樂是一種怎樣的購物體驗

　　在網際網路出現前，音樂已經精采絕倫而且感覺無所不在，然而當時想聽音樂，你必須首先學會狩獵與採集。在可以敞開胸懷，好好擁抱一首歌之前，我們必須發現自己對其充滿渴望的愛意，然後將這種愛意轉變成一種聆聽的關係。為此我們必須想方設法去購入實體的傳播載體，而且還得在購入時面對供貨數量、供貨時間與供貨地點的侷限性。

　　想發掘新音樂，空氣裡就有，只不過大多時候你只能在空氣中聽到一種音樂，那就是廣播電台。我意思是要用真正的收音機聽的那種，而不是一種抽象的概念。收音機上頭有旋鈕，而這個旋鈕會根據你居住的地域播放出不一樣的內容，不過對多數地方的多數人來講，你轉來轉去聽到的聲音組成會是這樣：九十％是雜訊，七％是你這輩子都不會想聽的音樂，一％是你喜歡的電

台，一％是如果你喜歡的電台在放你不想聽的歌的時候，你會轉過去聽一下的電台，一％是你只會在車子裡跟你爸媽一起聽的電台。

聽收音機的時候，你沒辦法按跳過鍵，也沒辦法付錢讓廣告消失。你可以在播廣告的時候轉台，但經營電台的人也不是好對付的，對博弈理論略知一二的他們很清楚廣告招人討厭，所以他們會若無其事地串通好，一起在同一時間播廣告，讓你想逃也沒地方逃。過往所謂探索音樂也就只能是這樣，一如小時候所謂的探險就只是從爸媽車子後座窗戶往外看，唯一的差別是後者可以靠拿到駕照來改善，前者拿到駕照也於事無補。

要改善這個狀況，只有一個辦法，那就是擁有一台你自己的電唱機。所以我們從小不只是在尷尬的家庭活動中耳濡目染爸媽聽的音樂，我們還會自己拿他們的唱片來播，因為那是操之在我們之手，僅有能探索音樂的另外一條路了。

我們爸媽的唱片都很棒，因為他們年輕時的音樂很棒。但我們爸媽的唱片大都是某家大型的唱片公司做出來的。這些唱片公司隨著時間演變在數量上跟力量上有些許變化，但他們最多的時候也不超過六家。在還沒有串流的那個年代，這些唱片公司基本上把持了整個錄製音樂產業。他們控制了你買得到什麼唱片，因為你會去的唱片行都能進什麼貨，是這些唱片公司說了算。但這其實也沒差，因為他們也基本上控制了廣播電台可以播放什麼唱片，所以也等於從源頭上控制了你會想買什麼唱片。

音樂雜誌，甚至有時候也包括報紙上那些唱片評論，都屬於樂迷可以參考的讀物。惟你可以讀到的音樂，幾乎也都是大唱片公司所出品的音樂，因為一般人聽不到或買不到的音樂，又有什麼好寫的呢？所以說被控制住的不僅僅是音樂的實體經濟，而是音樂的整個注意力經濟。我們眼巴巴地盯著手機，等待著它們長出螢幕。但經過一段時間我們認輸了，我們還是去了唱片行。

如果你在這段音樂的寡占年代買過黑膠唱片，而你現在又在閱讀這本書，那你買過的黑膠唱片恐怕不會少。如果你活在實體音樂年代的璀璨黃昏，那你買過的 CD 恐怕也不會少，包括你可能把黑膠年代買過的專輯又重買了 CD。不過大部分人並不是這樣。大部分對於黑膠暨 CD 年代的人均音樂花費進行的估算，都認為這個數字應該落在每年二十五到六十美元之間。作為一名在黑膠暨 CD 年代勒緊褲帶買各種專輯──且購買的數量從因為沒錢而「趨近於零」，一路執迷不悔地升高直到軟體工作待遇愈來愈好而爆買到「我根本聽不完」──的我來講，那樣的生活我根本無法想像，一年只買兩、三張專輯，更別說要把任何一點錢丟進點唱機中，只為了聽首我甚至沒辦法帶回家保存的歌曲。但這就是當時的狀況，千千萬萬的人就這樣開開心心地活在那個時代、熱愛著音樂，但平日就只聽廣播，只有非常偶爾才會去買張唱片，或收到、送出唱片當生日禮物。

如果你在這段寡占的唱片時代以做音樂為生，要想在實體和注意力經濟上有實質的發展空間主要取決於一件事，那就是你

有沒有本事從這些大公司手裡拿到合約。自費壓印唱片不是辦不到，燒製 CD 那就更簡單了，問題是你沒辦法讓店家陳列你的專輯，沒辦法讓廣播電台播放你的作品，也沒辦法讓你的歌曲在點唱機裡有一席之地。若你真拿到了一紙唱片合約，你至少短暫進到在結構上受限制的競賽，這個比賽只會有贏家和準贏家。壞消息是你的新對手全部都已經是明星，好消息是那些拿不到合約的人已經威脅不到你了。業餘與職業在此並非哲學概念上的區別，而是完完全全不同的兩個世界。

然而這種控制會造成的一種文化現象，就是一種共享的音樂體驗。作為聽者的你會只認識那幾首熱門歌曲，因為大部分的歌曲都紅不起來，然後其他人的狀況也差不多，所以結果就變成一邊是不聽歌的人，另一邊聽的都是同一批歌曲。或至少身為聽眾，你很可能會感覺怎麼大家聽音樂的品味，都跟你大同小異。

我們在討論音樂史的時候有一個叫做「單一文化」[1]的概念，講的就是這種局面。但其實各地都有不同的音樂，只不過這些音樂都離開不了誕生地太遠，所以拉大格局，我們會看到地球上散落著一塊塊的單一文化區。某些地方會有多個獨立的單一音樂文化：流行與鄉村、俗世與基督，「白人」音樂與「黑人」音樂。這樣的文化經驗是共享於本地，但散落於全球。

在這樣的集體權力結構之中，大唱片公司還是得互相競爭，但全都可以好好利用這些逃不出他們手掌心的聽眾。某個潛在的唱片消費者會站在唱片行裡，一手是帕可樂團（Poco）的黑膠，

另一手是帕布羅‧克魯斯樂團（Pablo Cruise）的黑膠，然後在最後走出唱片行時只把其中一張帶回家，但他們絕對不會把兩張唱片都放回去，然後跑去加入防彈少年團的大軍[2]。廣播電台可以同時播放帕可與帕布羅的歌曲，然後信心十足地告訴他們的贊助者說聽眾一定會被牽制住夠久的時間，所以廣告一定會打到他們。樂評可以評論那些他們知道樂迷肯定會有興趣的專輯。點唱機裡會放滿預料之中、讓人想往裡投銅板的歌曲。

　　只要是權力結構，都有極強的傾向會千秋萬載；反之各個年代，放眼歷史，則會以土崩瓦解作爲其常態。

---

① Monoculture，一譯單一栽培，指一塊地上只有一種作物。
② BTS Army，即防彈少年團的粉絲群。

＃第 2 章
慌亂與崩壞

網際網路、Napster、iTunes、iPod 與音樂下載的過渡期

　　我們最成功的征服者，是以貴客之姿在簇擁中到來。（一開始潮到 internet 的 i 要大寫的）網際網路解放了資訊，於是至少在一段不算長的時間裡，我們可以想像這些「資訊」包括關於音樂的資訊，但不包括音樂本身。終於我們可以去下載，甚至可以群策群力地拼湊出音樂作品的目錄，這樣我們就會知道我們還缺了哪些專輯可以找時間去買齊！

　　實體音樂零售的年代以營收來講，在一九九九年達到了一個高峰。但當時的實體音樂已然注定走到了末日。這並不是說那個營收的顛峰是個幻覺，營收創新高是真的，只不過一回首，你會發現高峰往往也是重力開始克服慣性的時候。原本在升空的火箭轉而下落，一定是因為稍早有什麼地方出了錯。

　　以此例中的實體音樂生態系來講，我們不難事後諸葛地看出

數位化音樂與網際網路的組合具有高度的不穩定性。這種風險在上世紀九〇年代初逐步提高，主要是隨著商用線上服務與全球資訊網（其英文名字是潮到不行有三個大寫字母的 World Wide Web）接續問世，上網的人愈來愈多。在此同時，電腦的速度變快使得製作出更具沉浸感的遊戲成為可能，而這也誘使了更多人去添購音效卡和外接喇叭。而反過來，音效卡與外接喇叭的組合又讓電腦能播放「真正」的音樂，不再只能用電腦播放那種嗶嗶叫的電腦音樂。電腦的硬體可以播放音樂後，就有人開始寫音樂播放軟體來實現這件事。在當時，CD 的音訊已經被拆分成一首一首的歌曲，而播放軟體則能讓你把不同 CD 的歌曲重組成新的序列，變成我們現在所熟知的播放清單。好笑的是，我們一開始覺得這主要是一種我們自製 CD 的方法，就好像可燒錄的 CD 只是一種比較酷炫的卡帶而已。在一九九九年，預錄卡帶還是一個價值十億美元的市場。到了二〇〇四年，這門生意便已經死透。

但到了二〇〇四年，預錄卡帶的消亡已經不是音樂產業最頭痛的問題了，因為真正的大災難此時剛剛降臨，而且還一次來了三個：Napster，讓盜版與音樂下載風行起來；iTunes，讓人感覺音樂就該聽電子檔而非實體唱片；還有 iPod，讓人覺得所有你想聽的音樂就該被隨身帶著走。

事實證明這些東西終將一樣，都在向音樂產業索命，但其中只有盜版這件事情是音樂產業一看就懂的，於是律師們就被派去盜版的戰線上了。若是提告金屬製品樂團（Metallica）的粉絲，能

夠創造出為期十年的建設工作機會，並產生出兩百八十英里長中看不中用的土木工程，否則，那還真可以比喻成是馬其諾防線[1]。實際上，把火力對準以 Napster 為首的各個盜版港灣，只是讓音樂下載效法走比利時繞過馬其諾防線的納粹，就此輕鬆過關。最終我們沒能如願得到一場決戰，而是宛若二戰時的法國一樣，拱手讓出了音樂的全副經銷權力：輸家是唱片零售商與固有的媒體公司，贏家則是科技業者。

或者更精確地說，至少在一開始，贏家是一家科技公司，那就是 Apple。iTunes Store 在二○○三年開張。到了二○一○年，iTunes Store 已經是全球規模最大的音樂零售商。代號 AAPL 的 Apple 股價走勢圖在這幾年中一路向上，到現在都不曾拉回。同時間在這七年裡，音樂零售業基本上徹底崩潰。

把所有的錯都怪到 Apple 頭上，也不盡公平。YouTube 二○○五年開始營運，並於二○○六年被 Google 收購。音樂訂閱服務那引人側目的前景在二○○七到二○○八年間開始引發關注，並隨著 Spotify 在二○○九年於首批國家中推出而變成商業上的現實。也許，如果沒有這些其他選擇，付費下載最終可以觸底反彈。雖然這樣的假設不是沒有道理，但現實中就是沒發生。Apple 絕對有過機

---

① Maginot Line，法國在二戰前建造的防禦工事，耗費十年與五十億法郎。然而，德軍繞道比利時進攻，使防線失去作用，因此被稱為「最無用的軍事防禦」。

會以一己之力拯救音樂產業，但它沒有這麼做。音樂下載產業在二○一二年觸頂，但那代表恐怕在觸頂之前的很久，這個產業的命運就已經無法挽回了。

　　事實上恐怕從一開始，音樂產業就是死路一條。因為網路的出現而變成免費的東西，實在太多了。Napster 讓音樂流通變得更容易，但這並不會讓音樂變得更吸引人。一旦你意識到一整個小規模到中等規模的收藏可以跟著你到處走，在你口袋裡或透過雲端，下載這件事就會變成一個很惱人的操作問題。廣播電台就沒這問題，它隨時都可以播放音樂給你聽，而且你一旦意識到你口袋裡的東西可以傳送聲音，你腦中就會浮現一個畫面是自己一通電話打給 DJ，點好接下來的每一首歌曲。實體音樂發行對聽者來說，一直以來都是被強加的稀缺，而對藝人來說，規模經濟則一直都是被強加的障礙。

　　後者的障礙，其實也是一條立在那裡很久了的馬其諾防線，而我們可能還沒有看到音樂供應端的注意力經濟達到被全方位控制的巔峰。包含淘兒唱片[2]在內，現存一座座高塔都已轟然坍塌，而控制音樂發行的科技業者也不是只有一家，而是好幾家。實務上我們做得到讓一首歌繞過所有的大唱片公司，也繞過科技業者所有明面上的把關機制，直接將歌曲從藝人處交到聽眾手中，或是間接經由社群或寡占性較不明顯的體系來傳播。但現今大部分被做出來且能讓人聽到的歌曲，都還是要看唱片公司與科技業者的臉色。

然而這個時代可能的巔峰，總是不停在前方閃爍。有些日子裡我敢說這個巔峰愈來愈近了，但有些日子裡又好像還好，但整體來說趨勢就是那樣。等我們終於到達巔峰時，我們應該會短暫地覺得這一切的發生都是必然。但也許此時此刻，這個必然就已經確定了。

---

② Tower Records，一譯淘兒音樂城。

第二部

串流是怎麼個運作法

簡單介紹音樂串流及整體連網文化的基本要素

#第 3 章
比免費更好

串流是如何做到讓人再度願意花錢買音樂

　　我小時候對於「超級有錢的大人」的定義，是每週都買得起一張新唱片 —— 等等，是兩張！而我的這種想法其實不算離譜。我小時候的黑膠專輯大概都是八美元一張，而等我變成有工作的大人時，音樂已進入了 CD 時代。偶爾我想買的 CD 會有十二美元的特價，但也有些進口 CD 會賣到二十四美元。正常沒有打折的「原價」一般是十五美元，所以一週買兩張專輯就要三十美元，全年下來就是大概一千五百美元。一千五百美元可不是小錢，大部分的人一年的音樂花費都離這個數字非常遠。

　　真的把這個錢花下去，你一年可以得到一百張專輯。這聽起來也蠻多的。你真的可以每年都愛超過一百張新專輯嗎？要是你一年只聽一百張專輯，那我幾乎可以確定你的「愛專」會遠少於一百張。但用購買的方式去發掘你會喜歡的專輯，不論任何時候

都是一種很笨的做法。對比 CD 時代年均二十五到六十美元的音樂消費金額，一張專輯十五美元都是一個讓許多人卻步的價格，畢竟你只是在開福袋而已，而就算你付得起十五美元一張的專輯，要在實體音樂年代用探險滿足好奇心的時間成本也一樣能嚇死你。

Napster 讓這個問題有了些許的改善。終於你不用在唱片行裡走來走去，也照樣可以尋找你喜歡的音樂。但你依舊需要知道自己在找什麼，找到檔案之後你也依舊需要自行集中管理。iTunes Store 幫了個大忙，它內建的預覽功能讓情況有所改善。當年在唱片行裡翻著唱片收納盒的我，要是手指碰一下收縮膜下的曲目就能每首歌試聽個三十秒，那我的童年絕對會變得大不相同。

串流徹底改變了這一點，是靠兩種有著緊密關係的辦法。首先，顯而易見地，以訂閱制提供音樂，可以把好奇心的成本降到幾近免費。一年一百二十美元比起以前一年花二十五美元（然後可能連著好幾年都是零元）的你，當然也是一筆錢，但這種串流定價的基本假設是只要你對音樂還有那麼一點點在意，那每年至少應該會有八張專輯讓你愛到覺得十五美元也不算貴。而有了串流，你就可以省下亂槍打鳥的錢，慢慢找到這八張專輯。而如果使用靠廣告獲利的串流服務，你的成本就是聽廣告的時間，就像你享用「免費的」電視或廣播或大部分的網路服務那樣。以商業模式的角度去看，這兩個概念都是認為：現在回頭看著像是音樂消費盛世的 CD 年代，其實並未有效讓更多人按他們內心對音樂的

眞實喜愛，花費等值的金錢；而要讓這些人懷著同等的音樂之愛去增加消費，最好的辦法就是改善他們的聆聽體驗。

至於第二種改變則是全新且普遍的內容選編（curation），這種改變是隨著受第一種改變吸引的聽眾愈來愈多而變得可能。在 Napster 上就已經能看到內容篩選的能量，但那種選編的目標主要是針對中繼資料（metadata）的正確性與音樂作品目錄的完整性（後來這種能量化爲一個極端完美主義的版本：有滿滿音樂和規則的純邀請制下載網站 What.CD）。iTunes Store 上也有經過內容選編的商品陳列，同時你當然也可以勤勞一點，自行在 iTunes 上編輯你個人的播放清單。但串流讓播放清單變成了交流音樂想法的嶄新媒介。有人於是開始爲彼此──甚至爲陌生人──建立播放清單。串流服務僱用了人類來擔任播放清單選編員與演算法的撰寫人員，爲的是管理由演算法選編出來的播放清單。串流服務的播放清單不只是像專輯那樣將音樂整理編排的替代品，它還是一種你可以不用擔心成本、放心去走馬看花的聆聽形式。由此突然之間，音樂探險就從純粹的尋寶踩雷，變成了一種瀏覽的體驗。現在你可以想像爲了找到自己會愛上的音樂，你不用賭賭看專輯裡會不會有你喜歡的音樂，你甚至不用知道它們會出現在哪張專輯裡。

而這兩件事情，自然是會相輔相成：播放清單的生態系愈豐富，受其吸引的樂迷就愈多；而串流上的樂迷愈多，選編員就愈能有效地製作出專門的播放清單來服務喜歡各種風格類型的樂

迷。播放清單聽得愈多，你就愈有可能自製各種播放清單。而愈是投入為自己或他人選編製作播放清單，你就愈發不可能與你存放這些清單的串流服務一刀兩斷。

然而在經濟層面上，這其實是一種取捨。普通的 CD 買家可能一年會只花二十五到六十美元在音樂上，但 CD 消費金額遠大於此的買家肯定也有，而且還不在少數。而作為在 CD 年代領薪水上班的軟體開發人員，我已到達了音樂探索上那個一去不回頭的臨界點，限制我的不再是錢，而是時間了。（只不過錢跟時間多少有些關聯。我「付得起」十五美元一張的 CD 來滿足自己的好奇心，但一張花了我十五美元買的 CD 確實會讓人感覺不從頭到尾聽一次對不起自己。）許多曾整年花一千五百美元在 CD 上的人，現在也跟原本年花二十五美元的人一樣，用一百二十美元的年費訂了串流。這轉變意味著，要吸引到十五個人從二十五美元進階到一百二十美元，才能彌補一個人從一千五百美元退步到一百二十美元。

但一年會買到一千五百美元的這些異類，究竟有多少人呢？如果他們的稀有程度低於每十五個樂迷才有一個，那麼這對整體經濟就是正向的改變。整體而言，音樂的經濟史是從皇家的贊助過渡到庶民的支持，從宮廷的管弦樂過渡到公開演出、再到錄音作品。從皇親國戚到市井小民之間的差距，基本上是不斷在收縮。比起串流時代的一舉一動都登記在案，歷史音樂資料簡直模

　　　　　▶　串流音樂為何能精準推薦「你可能喜歡」

糊到非常荒謬的程度，但如果我們眞正的問題是新格式能否比舊模式產生出更多的音樂消費，那麼我們可以去看 RIAA，也就是美國唱片業協會（Recording Industry Association of America）的銷售資料。不考慮通貨膨脹的話，美國「錄製音樂營收」在一九九九年達到大約一百四十六億美元的巔峰，然後崩盤到二〇一五年只剩腰斬的七十億美元，接著靠著串流，在二〇二一年拼回了一百五十億美元。這樣的回升看似很不錯，但如果考慮到通貨膨脹，那一九九九年的一百四十六億元其實相當於二〇二一年的兩百三十七億美元。換句話說，崩盤期間的美國的音樂產值縮水了不是二分之一，而是三分之二，同時二〇二一年的產業規模其實只相當於一九九一年與二〇〇六年，而不等於巔峰的一九九九年，也可以說相當於一九七七到一九七九年的水準。所以如果你的體感覺得現在的音樂產業比早年不景氣很多，那多半是因為事實確實如此。

但音樂產業確實正在復甦。串流市場花了七年的時間，從二〇一四年的十二億美元成長到二〇二一年的一百一十五億美元（經過通膨調整）。CD 市場在一九八五年時的規模是二〇二一年幣值的十億美元，七年後的一九九二年也只成長到一百〇四億美元。付費下載在二〇〇六年時的市場規模是十億美元，七年後的二〇一三年已經從二〇一二年的高峰三十四億元下滑。

所以就歷史上的成長幅度而言，串流略優於 CD，而且遠遠把付費下載甩在後頭。串流的訂閱人數有在成長，廣告營收有在成

長，同時各家業者也在實驗性地推出各種混合式的營運模式與更高收費的多功能服務方案。CD 曾受益於民眾重新購買他們已經擁有黑膠的專輯（下載可能也有稍微吃到過這種重購商機），但串流的厲害就在於它能讓人持續掏錢購買他們已經買過一、兩次（當然更可能是零次）的音樂。姑且不論串流的下個七年是否真能和第一個七年同樣風光，但我們應該能合理期待這件事發生，但純論串流能再成長七年的這個想法，並不會讓人覺得有多麼瘋狂。

　　而你要是在這個過程中扮演了任何角色，那就代表你參與到了音樂的復甦，也代表你成為了其潛在未來的一分子。只要經濟上負擔得起，那訂閱串流就是很值得你去做的事情。訂閱串流服務可以協助音樂產業再起，而且放眼歷史也是對樂迷而言十分划算之舉。你將再不需要為了扶持音樂市場而年花一千五百美元。你也不再需要先買後聽。你可以想聽，就聽。

＃第 4 章
全世界的音樂（差不多吧）

音樂如何到網路上的

　　你聽音樂的時候，一邊可能會好奇：這個新穎的串流音樂世界是怎麼運行的。但這個問題的內情可能會少到令你吃驚。歌曲錄音的產權在授權方（licensor）手裡，而他們會批量把音訊檔案上傳到串流服務，並在附隨的 XML 檔案中註明有哪些人參與了錄音的完成。「授權方」包括各大唱片公司、少數幾家經手小型獨立唱片公司的版權彙整業者，還有若干（喜歡用人的成長階段來取一些怪名字的）自助發行服務商，像是 OneRPM、CD Baby 與 DistroKid。其中自助發行服務商可以協助獨立音樂人以少到可以不計的費用，自力讓作品問世。

　　就這樣，沒了。沒有人直接把音樂上傳到 Spotify 或 Apple Music 的平台上，至少目前還沒有。由此在概念上，這些「專業級」的串流服務跟以 Soundcloud 跟 YouTube 為代表的那些服務，

中間還是存在一條界線，畢竟後者是誰都可以把隨便什麼東西丟上去，只不過：（一）這些「隨便什麼東西」既可以是十秒鐘就播完的可愛貓咪影片，也完全可以是專業製作出來的音樂；（二）大部分這些自助發行服務商都不太會對你要上傳什麼東西有太多限制。我自己創作（非常不專業）的音樂目前在多個串流服務平台上流通著。那其實並不困難，但還是比上傳「隨便什麼東西」要難。這就是為什麼 YouTube 上有大約四千萬個頻道，而 Spotify 上的藝人頁面只有一千萬個。

只有一千萬個。這當然不代表全世界的音樂就這麼多，音樂不論就時間跨度還是地理範圍來看都不會僅此而已，但這一千萬個頁面確實涵蓋了每一個地方與每一段時間，數量絕對超過你這輩子能聽完的。

然而上傳機制簡單不代表串流裡的政治就不複雜。有哪些歌曲是你現在能夠按下播放鈕去聽的，關鍵不在於音檔本身，而在於授權的狀況。而同一首歌在不同國家或不同群國家裡有著不同的授權方，或是這些法律關係會隨著時間而不斷變化，都正常到不能再正常。串流服務管不了這些事情，所以每當某首你的愛歌突然變成灰色而不能點選，或是直接找不到了，那多半都是因為授權變了，而不是因為串流業者把歌「拿掉」了。

同樣地，串流音樂裡幾乎所有的資料與製作人員名單都是由授權方提供，串流服務完全沒有置喙、確認與更正的空間。所有串流服務都必須把 XML 檔案裡的製作人員名單轉成若干分開或

合起來的藝人頁面，就是因為沒有哪個授權方可以保證自己手握任何一名藝人在全世界的所有版權。在 Spotify，我們也有能力覆寫掉作品的發行日與發行類別（單曲、迷你專輯〔EP〕、專輯、合輯），但再多我們就沒辦法了。再有其他的錯誤，不論是音訊的小毛病或歌曲順序的錯誤，一路到歌名在逗點後面少了空白，我們都不負這個責任也沒有更改的權利。若收到錯誤回報，我們只會將之轉發給授權方，並希望他們能夠修正這些問題。

藝人——該說有點諷刺嗎——比較能操之在己的是他們的串流檔案的內容，而不太是他們的音樂作品本身。Spotify 上的藝人可以直接上傳圖片與個人簡介，可以建立跟選擇要擺在頁面上的播放清單，還可以控制其他與美化頁面相關的細節。但他們就是不能去改自己歌曲中的錯字。至少目前不行。

由此到目前為止，將音樂新作遞交給「專業」串流服務的過程仍舊不夠直接也不夠快速，就算你是具有完全獨立性、不隸屬任何組織的藝人也一樣。我那些聽來青澀的歌曲，在我放棄將它改得更好的時候就算完成了，然後我只要花個幾分鐘，就可以把成品上傳給我的發行商並便填好製作人員名單，但這之後就得等上好幾天才能排完隊，讓發行商傳送到串流平台，進而出現在我 Spotify 的藝人頁面上——或是出現在別人的 Spotify 頁面上。所幸目前還沒有其他的 Spotify 藝人與我撞名，所以我暫且不用擔心這種歌曲「跑錯棚」的烏龍。

在聆聽的部分，情況也大同小異。串流服務可以提供的訂閱方案，還有這些方案中的規定與收聽功能，都取決於與授權方的談判結果，而且第一關就是大唱片公司，這部分得一家一家談。要是有某家串流業者在你所屬的國家無法提供服務，或是如果某個免費的手機版本只讓你在某個播放清單上隨機播放，那其背後很可能就有著串流服務與音樂授權方之間複雜且往往需要保密的商業談判祕辛。這既解釋了何以各音樂串流服務的賣點往往會趨於一致，也說明了爲什麼各家串流服務廝殺得最凶狠的地方，往往都是那些還沒有趨同的賣點，即便明眼人都看得出這些賣點趨於一致，只是遲早的事情。

慶幸的是，我跟 Spotify 的授權業務完全沾不上邊。我是個理想主義者，不是個商業談判高手。我要的是音樂串流普及到世界各地。既然我想到了可以更方便人們聽音樂的方法，我就想要讓所有人都享受得到。因爲聆聽音樂的是這個世界，我理所當然地感覺這種聆聽背後的集體智慧，也應該屬於整個世界。只要有方法爲更多人帶來更多快樂，我就希望能做到有福同享、雨露均霑，而非由企業根據祕密協議分配給他們的股東謀利，這是我所不樂見的。

＃第 5 章
數不清的曖昧點擊

串流服務對你的了解

串流，就是監控資本主義。

至少，絕對是資本主義。至於要不要加上「監控」的前綴，要看你覺不覺得串流在其運作所需的資訊交換以外，還做了更過分的事情。

你按下歌曲的播放鈕，跑在你手機或電腦上的應用程式就會發出訊息給串流服務伺服器。這則訊息會找到你打算播放的歌曲，因為那正是重點所在，然後就是你串流帳號的使用者 ID，因為串流服務需要以此判斷你有沒有權限播放那首歌。你按下暫停或跳過或換到另外一首歌時，應用程式會發出另外的訊息給伺服器。這些訊息本身並沒有在監控什麼，就像燈泡也沒有在監控將它打開或關掉的牆壁開關。

然而燈泡並不會記錄下自身的開或關 ── 除非是所謂的智慧

燈泡——但串流服務會記錄你的操作行為。他們不得不如此，不論在內部運作上或法務層面上都是，因為他們必須支付權利金給音樂的授權方，而這些權利金的計算會牽涉到歌曲、帳號、日期與時間。但即便在不牽涉到權利金的時候，各種合理執行的線上服務都會記錄其日常運作，如此一來我們才能監測線上服務是否正常運作、正常並診斷問題。任何一個你使用的線上應用程式或任何你造訪的網站，都幾乎必然會以某種方式記錄你在點擊時做了什麼事。

這些記錄包括了一些涉及你與你行為的額外資訊，且其中大部分都關乎軟體本身：你用的是哪個版本的應用程式，你是在什麼樣的裝置上使用這個程式，你是在程式裡的什麼地方要求播放這首歌，你最後一首歌播了多久，你特地用滑鼠或手指點擊了什麼去切換歌曲。大部分的這些記錄，都還是為了維持應用程式運作正常的基本所需，或是不搞錯你現在在什麼頁面上，諸如此類的。至於其餘的記錄則是為了對特定功能的行為表現與效能進行歷時監控。

串流服務也會知道你是從哪個 IP 位址的電腦發出應用程式的訊息，因為網路就是這麼運作的。IP 位址能讓我們知道電腦位於網際網路上的什麼地方，就像現實中的街道地址與公寓門牌可以對應到實際的地點。網路上的 IP 位址是登記在案的，且大部分都至少在名義上關係到物理性網路硬體在現實中所處的特定位置。看著自己在 Spotify 上的活動記錄，我可以看出當我在筆電上播放

音樂時，我的播歌請求來自於登記在麻省劍橋的一處 IP 位址，而那也正是我居住的小窩。要是我把裝置轉換爲就擱在筆電旁且連結同一個 WiFi 的手機，那 IP 位址仍舊會是同一個，物理上的位置也不會改變。但要是我關掉手機的 WiFi 而不移動手機位置，那5G 手機提出的要求就會被記錄爲來自我電信公司基地台的登記地址，位置在紐約。如果這算是監控，那我只能說其精準度也低得太搞笑。

你初次註冊 Spotify 帳號，表格會問你至少四個關於你個人的問題。第一個是你身在哪個國家，這個問題通常是系統自動判定的，因爲音樂授權會因國家而異。第二個問題是你的電子郵件地址，因爲顯然我們還沒有意識到，現在的孩子對電子郵件的態度，就像我們當年容忍傳眞機一樣。第三個問題是你的生日，這是爲了遵循與年齡有關的法規，也是爲了判斷你能不能聽懂跟傳眞機有關的笑話。第四個問題是你的性別。性別問題的選項會出於各國社會背景與法律規定的不同而在各地區有些許差異，但在大部分狀況下，給你的選項組合會是「男性、女性、非二元性別」。現階段你必須三選一才能繼續註冊下去，但這其實不算合理，因爲音樂的世界不分性別。

當然，話又說回來，音樂始終來自人性，人性往往少不了性別，而世上大部分地區的整體音樂品味都會隨著年齡與性別而有所差異，且幅度幾乎不輸國籍與語言所代表的差別。由此性別登記從串流業者的角度來看，就成了實務上的一種統計優勢，因爲你可以

藉此把同國家、同年齡、同性別的舊使用者他們已經喜歡的音樂，推薦給什麼都還沒有播放過、宛若一張白紙的新使用者。

　　我在理論上反對這種做法，也很希望能在實務上反對這種做法，因為我個人的音樂品味絕不限於我這個族群的人。但屬於我們這群人的獨特品味，確實是形成在上世紀八〇年代的美國調頻電台上，那是一群青春的少年聽眾，而我正是當中的一員。所以沒錯，只要加拿大搖滾樂團凱旋合唱團（Triumph）的〈魔力〉（Magic Power）歌聲一響起，我就會一秒回到十五歲，彷彿當年那台 Panasonic RX-5150 手提音響又出現在我身旁了，我只要手一伸就可以摸到上頭那個可以調整「音場」的開關。沒錯，加拿大前衛搖滾樂團匆促（Rush）的〈住宅區〉（Subdivisions）能讓我聽著旋律就回到我成長的郊區，心中像是得到了某種滿足。更進一步說，所有跟我同年、聽同一個廣播長大但卻在串流註冊表上點選「女性」的美國人的集體串流品味，都能瞬間讓我想起當時最典型讓我不喜歡的流行音樂：肯尼・羅根斯（Kenny Loggins）、卡莉・賽門（Carly Simon）、巴瑞・曼尼洛（Barry Manilow）、夫妻檔組合艾希弗與辛普森（Ashford & Simpson）與狄翁・華威克（Dionne Warwick）。而也許最能說明情況的事實是：在我所屬的國家、年齡群體中一首少數男女通吃的單曲，是柏林合唱團（Berlin）那首影響深遠的合成器搖滾申辯之作——〈別再說了〉（No More Words），而我還記得那天我爸媽看到我從唱片行帶回家的不是又一張外國人合唱團（Foreigner）的專輯，而是柏林合唱團的黑膠

時，他們的反應從困惑漸漸轉爲擔憂。他們也不眞的喜歡外國人合唱團的〈一身熱血〉（Hotblooded）或〈冷冽如冰〉（Cold As Ice），但至少他們聽得懂歌曲傳達的溫度，同時到外國人合唱團爲止，他們也還看得懂我的點唱機英雄大概是什麼模樣。但柏林合唱團是另外一種不同的存在，一種不僅我爸媽看不懂，而是連我也看不懂的存在，但讓我看不懂也正是他們對我的魅力所在。

你在聆聽的過程中，就會一邊對這些低級的人口分布推論產生強化或駁斥的效果，而隨著時間過去，你便能確立自己的聆聽模式。資料的量會穩定變化，但不太會改變的是資料的形狀。Spotify 永遠不會知道你的族裔出身、你的政治立場、你職業取向、你的收入多寡、你的購物習慣，或是你的用藥清單。它不會知道你都跟 Apple 手機的人工智慧助理 Siri 說了什麼，不會知道你在網路醫生網站（WebMD）查了什麼，不會去交叉檢索你的 Netflix 上有哪些待看清單或你在 YouTube 上訂閱了哪些頻道。它看不見你穿著某個樂團的周邊 T 恤，它無從得知你身上那件樂團 T 恤是三十五年前購買的，它更不會知道左邊那個戴著帽子的樂團成員昨天剛去世，而悲傷的你現在需要聽的是哪一首歌曲。

太多蛛絲馬跡會決定你下一首想聽的會是什麼歌曲，但只要你不在 Spotify 上面聽，Spotify 就不會知道。我通常不太會被推薦我一九八二年喜歡過的歌曲，因爲光是聽現下美國青少年在 Discord[1] 上的合成故障饒舌[2]，或是聽舞步整齊劃一的日本偶像團體在金屬核[3]樂團的伴奏下熱唱，我就已經忙不完了。也因此我

比較常被推這些新歌。我們的品味幾乎可以被無止盡地迴響。但到了今天，我還是不會被推薦任何一種有望再次改變我品味的音樂，就像泰莉‧努恩（Terri Nunn）的呢喃吟唱曾經在我還是個美國少年時讓我喜歡上那樣。阿瑪鋼琴[4]呢？來自挪威的美式音樂呢？這些跨越音樂時空的蟲洞我必須自己去找出來。有些時候你會踏出對自己的既定認知、變成有點新的一個人，但這種時刻少之又少，少到難以為其最佳化。更輕鬆而可靠的做法，是繼續餵食你已然熟悉的東西。

而話說到這裡，就不得不提到串流服務讓我們接受的那種「短視」型「監控」。我認為這就是這類監控的問題——而非體貼之處。僅憑這種短淺的觀察，串流服務不會知道我們隱藏的祕密是什麼，不會知道要怎麼把我們的祕密挖出來。在我們開始聽音樂之前，他們只能猜測我們跟他們之前看過的人類一模一樣，但他們其實對之前那些聽眾的了解其實也相當有限。

但這並不代表他們就對我們試著分享的公開祕密有所了解。他們知道我們在放什麼音樂，但他們看不見我們究竟是對著這音樂在舞動著狂喜的軀體，還是隔著兩個房間並心不在焉地在疊著剛曬好還皺巴巴的衣服。他們知道我們把哪些歌曲放進了播放清單，但他們不知道這些播放清單是做什麼用的。他們知道我們把一首歌播了十遍，但他們不知道我們是因為覺得鼓聲好聽才忍不住播了十遍，還是因為討厭裡面的斑鳩琴才只播了十遍。他們知

道我們在搜尋歌曲的時候都點擊了些什麼，但他們不知道我們是有目標地在尋找，還是在那瞎子摸象加亂槍打鳥。他們無從判斷我們用滑鼠掠過他們提供的好康，是因為不屑看還是因為沒仔細看。他們看不出我們是真心喜悅還是反串，也看不出我們關掉一首歌是因為覺得這東西難聽到讓人受不了，還是我們得忍痛先關掉這首愈聽愈滿意的新歡，只因為你的貓咪在樓下把你的鞋子當成嘔吐袋且嘔聲不斷。

　　而他們也不太可能開始學習這些事情，因為他們沒有必要這麼做。你的貓咪是你的問題。你並沒有真的被監控，但那並不是因為他們懂得克制野心或是出於道德考量，不過是因為侵略性的監控並不能處理任何「朝均值迴歸」（regression to the mean）就可以輕鬆且有效處理好的商業問題。讓系統自動製造意外的發現是一場豪賭，也是一場很不聰明的賭注。最小公倍數可能聽起來像是美學上的詛咒，但那完全就是因式分解的宗旨所在。夜巡者合

---

① 一個社群間的免費即時通訊軟體暨遊戲數位發行平台，並於二〇一九年停止了遊戲數位發行。

② Glitch Rap，一種結合了饒舌（Rap）和電子音樂中的「故障」元素的音樂風格，其中故障是一種電子音樂風格，特點是利用音樂製作中的錯誤和故障（如雜訊、音頻切割、數位或類比錯誤等）來創造獨特的節奏和聲音效果。

③ Metalcore，金屬系音樂的一個分支。

④ Amapiano，二〇一〇年代中期在南非出現的浩室音樂支派，為浩室音樂、爵士樂和休閒音樂的混合體，鋼琴是這種音樂風格裡的重要元素，且通常是現場演奏，所以當中帶有許多即興創作和實驗的色彩。

唱團（Night Ranger）的〈你在美國仍可以繼續搖滾〉（*You Can Still Rock in America*）並不是我此刻最想聽的歌曲，但曾經確實是，而這種懷舊之情或許懶惰而搔不到癢處，但也還不至於令人生厭。我露出微笑，兀自跟著哼起了幾句副歌，然後不是很確定但心情很愉悅地尋找起了斯堪地那維亞原住民薩米人（Sámi）的尤伊克（yoik）歌謠，或是喀麥隆的納德胡[5]融合音樂，或是貓咪聽了可以冷靜下來的曲子，又或是任何一種我自己知道我等下想要聽的某種歌曲。

---

⑤ N'dehou，一種竹子做的短笛子，可以吹出鳥叫般的音色，音樂家會藉此創造出「呼喊與回應」（call and response）風格的即興音樂，同時搭配俾格米人（Pygmyism）獨特的高音人聲歌唱。而 N'dehou fusion 則是納德胡笛子音樂與電子音樂的融合。喀麥隆音樂學者法蘭西斯・貝比（Francis Bebey）被認為是這種融合音樂風格的創始者。

＃第6章
機器人才沒那麼多心眼

演算法會做什麼，不會做什麼

　　正常人都會害怕你的串流服務知道太多你的事情，這點無可厚非。只不過讓我們產生這種恐懼的，主要是「知道」這個概念裡所蘊含的擬人化。我們會知道彼此的事情，知道彼此的弱點、黑歷史、不能被戳到的軟肋，也知道彼此的強項、成就與個性上不為人知的面向。這些事實會量變帶動質變地累積成我們對彼此的了解。過去的觀察達到一個門檻，我們就會對對方的未來產生想法。至少，這些是在人腦中會發生的狀況。

　　但這樣的事情並不會發生在電腦裡。電腦可能會儲存很多關於你的資料，但它不認識你，就像你不會覺得冰箱認識雞蛋。你把冰箱裡裝滿雞蛋，也不會讓冰箱變成一個雞蛋專家。

　　冰箱與音樂串流服務之間一個顯著的近似於認知能力的差異，在於串流服務用上了演算法。但其實認真說起來，冰箱也用

了演算法。再怎麼陽春的電冰箱，也有兩個地方用到了演算法。首先是恆溫器的演算法若發現冰箱溫度升破 Y 度，那它就會啟動馬達讓冰箱降溫，直到溫度降回到 X 度為止。再來是照明開關的演算法會判斷有沒有東西壓在冰箱門的感測器上，有的話就把燈關掉，反之就把燈打開。這兩種演算法合起來，就給了人一種普天下使用者都有的幻覺：冰箱永遠是冷的，冰箱永遠是亮的。

比起冰箱，很多演算法都更為複雜，但不會更聰明。演算法不會尋求挑戰，不會彈性思考，不會伏案長考，也不會建構自己或針砭他人的論點。它們任何時候都不可能成功達成小學生所要學會的基礎「心智習性」[1]。演算法跟人的心智是兩碼子事情。演算法至多就是台符號機器，且在大多數的時候這些「機器」都只是數學計算而已。「只是」一詞放在這裡，其實是個心眼很壞的說法，因為數學的用處很大。符號機器能非常有效地處理和分析與符號相關的工作，而歌曲與各種精彩的事物都是由符號所構成。

音樂串流服務裡有滿滿的演算法。關於演算法，第一重要的是記得它們就只是數學，而第二重要的就是要知道不是只有一種演算法。世界上沒有什麼叫做「Spotify 演算法」的東西，而是 Spotify 裡的幾乎每樣功能都對應著不同的演算法，甚至有時候單一的功能就會涉及多種演算法。我們在網路上的幾乎每一種體驗裡的每一個部分都牽涉到某種演算法。

最容易了解的例子，或許就是搜尋功能了。輸入你想聽的歌

名之後，接下來會的過程乍聽之下好像不難想像。我想聽日暮頌歌（Nightwish）唱的〈*Amaranthe*〉（不凋花）。我在 Spotify 的桌面程式上按下了搜尋，輸入了 Amaranthe。只不過沒有人在盯著我的時候，我經常不把第一個字母轉換爲大寫，所以我輸入的其實是 amaranthe。

事實證明在 Spotify 上叫做 amaranthe 的歌，一共有三首，而歌名裡包含 amaranthe 這個單字的歌曲則多達三十二首。再來是名稱就叫 amaranthe 的專輯有兩張，名稱裡包含 amaranthe 的專輯有三張；樂團部分有一個就叫 Amaranthe（阿瑪藍斯），有一個叫 Amaranthe Love，還有一個叫 Amarantheum。假設我的輸入沒有拼錯字，這就已經比對出四十三筆可能的結果。要把這四十三筆結果排成有意義的順序，就需要演算法的介入。我們可以按項目種類（歌曲、專輯、藝人）將這些搜尋結果分門別類，然後在每個門類中把一字不差的結果放在前面。這也是一種演算法。我們甚至可以按搜尋結果的多寡來將這些門類排序，由此此例中有三十五筆結果的歌曲搜尋就會排在只有五筆結果的專輯搜尋前面，最後才是只有三筆結果的藝人搜尋。

---

① Habits of Mind，一系列幫助個人有效解決問題和應對挑戰的思維與行為習慣。由亞瑟・L・科斯塔（Arthur L. Costa）和貝娜・卡里克（Bena Kallick）提出，共包含十六種特質，如毅力、精確思考、靈活創造、同理心傾聽等。這些習性旨在培養人們在不確定或困難情境中，採取智慧而有效的策略，提升解決問題的能力與個人成長。

只不過我略去了播放清單。在我行筆至此時，小寫關鍵字
amanranthe 在 Spotify 上搜出了二十筆播放清單就叫 amanranthe。
另外有五百七十七筆播放清單就叫 Amanranthe，外加幾千筆標題
裡含有 amaranthe 此一單字的播放清單。所以按照我們剛剛定義的
演算法，後面這個有成百上千筆結果的巨型門類應該先行登場，
但這種排法顯然對查詢者不太友善，因為我想要搜尋到的目標，
不太可能存在於那幾百個主要由其他 Spotify 使用者自用、名字就
叫 amaranthe 的播放清單中。所以也許我們的演算法應該要反其道
而行：把結果最少的小門類放在大門類之前，也就是藝人的搜尋
結果第一，專輯的搜尋結果第二，再來才是歌曲乃至於播放清單
的搜尋結果。這對我們一開始提到的特定案例並不是個好消息，
因為我們其實要找的是一首歌曲。而如今我不但沒辦法輕鬆找到
那首我播放過許多次且相對有名的歌曲，反而得先看到一個跟我
要找的歌完全不相干、只是剛好卡到同一個名字的樂團。這樣的
搜尋，失敗。

　　對於有多年使用者聽歌資料與搜尋資料在手的 Spotify 而言，
想要改善這種失敗演算結果最顯而易見，同時大概也是最有可行
性的做法，就是利用這些歷史模型試著猜出使用者想找的是什
麼。以此例而言，Amaranthe 樂團名下的歌曲播放次數顯然要遠多
於其他的樂團或歌曲或專輯或播放清單，同時對在搜尋欄中輸入
amaranthe 的使用者而言，Amaranthe 樂團也是最常被他們挑選出
來的正解。

持平而言，大部分這些使用者不像我，他們不會拐彎抹角地以這種搜尋為例來證明問題的複雜性。Amaranthe 這個來自瑞典的哥德交響金屬樂團原本並不叫這個名字，而是叫做 Avalanche（雪崩）。他們在二〇〇九年不得不改名，是因為有法律上的原因。我找不到他們有談過新團名靈感來自日暮頌歌樂團這首歌的記錄，但〈Amaranthe〉於二〇〇七年在鄰國芬蘭發行，為新音樂類型開宗立派，Amaranthe 樂團不太可能渾然不覺。而這或許也解釋了何以他們會刻意地將他們的團名改為字尾有個 e 的 Amaranthe，而不是字尾沒有 e 的 Amaranth，須知後者才是日暮頌歌樂團單曲裡出現的植物名稱（莧），因此也當然才是那首單曲歌名的正確拼法。我前面用錯誤的拼法去搜尋〈Amaranthe〉是故意的，我想要藉此讓我後面的解釋更有趣一點。

我們的搜尋演算法原本有不有趣我不敢說，但在我們試著把拼字錯誤納入考量後，整個複雜度就提高了不少。很多 Spotify 使用者都會用 Drale 而非 Drake 去搜尋饒舌歌手德瑞克。Spotify 上確實有一個叫 Drale 的藝人，其僅有的一首歌曲有著十一名聽眾，而那首歌還是二〇一九年收入在一張克羅埃西亞合輯裡的。顯然這並不是一般人輸入 Drale 的時候，心裡所想的目標。所幸拼錯字對程式設計師來講已經是存在數十年的老問題了，所以制式的解法很多，且不少都牽涉到「編輯距離」（edit distance），也就是「把一個單字變成另外一個單字需要花幾個步驟」的概念。或是反過來想，多少個錯誤才能把你或許想要指涉的單字，變成你

實際打出來的錯字。以 Amaranth 與 Amaranthe 為例，這兩個單字的編輯距離就是一，因為你只需要一處錯誤，就可以腦子裡想著 A，但打出來的是 B。而如果是 Amaranthe 跟 Coelacanth，那這當中的編輯距離就是六（你得漏打一個字母，改變三個字母，然後加上兩個字母，才能「不小心」混淆了這兩個字），所以日暮頌歌樂團的〈Amaranth〉一曲作為關鍵字 amaranthe 的搜尋結果，也是很合理的，而加拿大電音 DJ 鼠來寶（deadmau5）的單曲〈腔棘魚〉（coelacanth）若作為關鍵字 amaranthe 的搜尋結果就會十分牽強。若我們調整搜尋演算法，將編輯距離擴大到二或三，那我實際在尋找的歌曲就會變成選項之一，如此一來便有所改善。但同時，結果的排序問題也會變得更加棘手，因為這樣會出現更多筆結果。

　　或許我們在此例中最好的做法，這通常也是用來改善演算法搜尋結果第二常見的做法，就是利用關於我的資料，試圖提供我最可能在尋找的結果，即便那不同於大部分其他人在打出同一個單字時通常會在尋找的結果。〈Amaranth〉是我經常播來聽的歌曲，而就那麼剛好，我也很常播 Amaranthe 這個樂團的歌來聽。但我從來沒有播過 Amaranthe Love 或 Amarantheum 這兩個樂團，也不曾播放以 amaranthe 搜尋出的大部分歌曲與全數的播放清單，所以只要將這些搜尋結果個人化，就能得出很不錯的排列順序：Amaranthe 樂團與歌曲〈Amaranth〉被排在前兩名，而這對於我應該想找的是什麼，都是蠻不錯的推測。

你在網路上幾乎所有的其他體驗，包括同樣在 Spotify 上的那些，都是演算法經年累月重複上述過程的結果。這是因為演算法不會想像個老學究眼睜睜看著你失敗，而想為你代勞，看是要替你處理好隱藏的複雜問題，或是靠字面上的要求猜測你真正的需求。如 Spotify 的首頁上就有演算法會溫馨提醒你，你今天大概想聽什麼。Spotify 的個人化「每週新發現」（Discover Weekly）播放清單背後也有演算法，它會試著幫你找出跟你已經喜歡的歌很像但你還不算太不認識的歌曲。由演算法推動的電台會試著在你期待聽到的熟悉歌曲，和你還不認識但也許會覺得相見恨晚的歌曲之間，取得一個平衡。排行榜和看似簡單的表現成績數據計算，其實涉及到許多複雜的演算法，其功能包括資格確認、怎麼算是同一首歌、時區處理，以及潛在的造假。

而雖然很多這些演算法看似簡單，但其中有些不僅複雜，而且還複雜到讓人類難以管理。這一系列複雜的演算技術，其實就是所謂的機器學習（machine learning），簡稱 ML。機器學習的優缺點，我們後面會再討論，但這裡我想說的是它汙名在外。機器無法學習它們已知範圍以外的事情。所以聽到有人說機器在學習，你可以放心，那個不叫學習。沒有在真的學習的機器學習有時行得通，有時則會把事情攪得一團亂。所以好消息是機器人並沒有在密謀要推翻人類暴政。機器人沒有想稱霸世界的計畫，事實上根本什麼計畫也沒有，何況我們也還沒造出真正意義上的機器

人。壞消息是這也代表事情一旦出差錯，我們也沒有機器人可怪罪。能出錯的，必然是人類的指令。

你不需要害怕演算法的存在，也不用因為被它們包圍而緊張兮兮。

但那並不表示你可以高枕無憂就是了。

第三部

新的恐懼

新的時代會帶來新的恐懼。圍繞著串流生成的大部分恐懼看似合理，且其中最嚇人的那些往往是欠缺根據、過度簡化與遭到低估這三者的某種組合。但如果我們可以突破自我，不要宥於表面地對這些事情產生反射式的反應，那這些恐懼反而不僅能幫助我們了解新舊時代之間有什麼深刻的相同或相異，更能讓我們看出恐懼背後的希望所在。

＃第7章
新的守門員

大唱片公司、播放清單、更多播放清單、演算法播放清單，還有你朋友製作的播放清單

　　只要有人希望串流可以在音樂產業或注意力經濟裡策動某種立即性的革命，肯定都只能大失所望。確實在理論上，現在的素人可以把自己的音樂上傳到跟紅髮艾德（Ed Sheeran）一樣的串流平台上，讓數億人有機會聽到，但在實務上，這種事情基本上還是並不會發生的神話。Spotify 上有一千萬組藝人，但在 Spotify 官方名為「大聲又清楚」（Loud and Clear）的網站上，我們可以看到在二〇二二年，版稅總額的九十五％流向了前二十萬名左右的藝人，且排名前四十的每一個藝人都賺到了千萬美元起跳的版稅。若按我上次查看的結果，Spotify 上的前一千名藝人裡只有三十八名屬於名義上的獨立藝人。就我所知，大部分這些藝人的「獨立」身分都需要打上個星號[1]，因為他們不是在成名後才轉獨立（像電台司令〔Radiohead〕就是一例），就是把合約簽給了各國當地的大

型唱片公司（如武裝連結〔Eslabon Armado〕就屬於加州的區域型墨西哥唱片公司 DEL 唱片〔DEL Records〕，而 Official 髭男 dism 則簽給了日本唱片公司波麗佳音〔Pony Canyon〕）。全球性大型唱片公司仍佔有 Spotify 在全球七十五到八十％的收聽量，所以國際級的大型唱片公司不僅仍把持著你作爲樂迷會聽的大部分歌曲，同時你作爲藝人能觸及的大部分歌迷，也握在他們手裡。

只不過回顧歷史，這些數據恐怕不見得是壞事情。獨立音樂人的飯碗或許有七十五到八十％是空的，但以前的他們可是連碗都沒有。二〇一七年，饒舌小子錢斯（Chance the Rapper）在沒有唱片約（或實體唱片發行）的狀況下贏得了三座葛萊美獎。那在當時感覺像是個潛在的轉捩點，但如同大部分乍看是某種突破的事情一樣，那其實不是「因」，而是早先規則改變，讓僅有串流發行的作品得以參賽的「果」。甚至於官僚的主辦單位會心不甘情不願地承認僅在串流上發行的作品，也是出於對既成事實不得已的讓步。製作與發行的門檻已經降至獨立音樂人的成功雖然罕見，但總算不是完全不可能的狀態了。我不清楚在一九九九年，有多少排名前一千的專輯 CD 是獨立發行，但我賭那比例應該比二十五％低很多，同時也不太可能摸到三十八名的邊。總之就算我們對舊的數據沒個底，也不影響獨立音樂的新數據讓我們驚豔無比。

原本把樂迷注意力一把抓的大唱片公司是如何慢慢流失他們的獨佔力，是一個漫長的故事，而這個故事的起點，是面臨 Napster 帶來的威脅之時，心慌意亂的唱片公司與 Apple 簽下了內

含有許多微妙讓步的商業合約，而與 Apple 的不平等條約又經過各種複雜的轉折，影響到了後期許多開先例的其他合約，包括唱片公司與 Spotify、與 YouTube、與 Amazon，也與 TikTok 所簽下的那些。我對這些合約的所知，不會比各位讀者多多少，就連 Spotify 的那些也一樣，所以這部分就等其他先進出書，各位讀者才能一飽眼福了。但我知道的是結果：幾家科技巨頭與其完全符合集中管理定義的串流服務跳出來取代傳統透過空氣傳播的方式，變成音樂宣傳的主要傳播媒介。至於原本的廣播，則變成了播放清單。

你可能會理直氣壯的說，廣播早就是播放清單了。畢竟 playlist 一詞的出處就是廣播。一個「四十大金曲電台」，其實就是卯起來隨機播放四十首歌的一張播放清單。

在音樂剛進入線上時代的早期，我們有可能沒看出這一點，主要是有段時間，線上「廣播」指的是潘朵拉（Pandora）那種以藝人為中心的音樂服務[2]，或是 Spotify 等串流平台上後期也出現了類似的功能；至於 Winamp 播放軟體與 iTunes 上的「播放清單」與 Spotify 上原本就有的類似功能，則是內容固定且由使用者自行創造出的東西。Apple 在二〇一五年大張旗鼓推出了他們的 Beats 1「廣播電台」，當時這給人的感覺似乎是：將來會有一些線上電台

---

① 表示不純，如有禁藥問題的棒球選手就會在其記錄前被打上星號。
② 使用者輸入自己喜歡的藝人，潘朵拉電台就會播放該藝人或與之曲風類似的歌曲。使用者對於每首歌給予喜歡或不喜歡的回饋，會影響潘朵拉之後的歌曲選擇。

去直接挑戰地面電台網絡（他們也在傳統廣播業者 ClearChannel 與跨媒體集團 Viacom 的主導下被無情壟斷）與衛星廣播電台（經過 Sirius XM 的再三整併，現在基本上只剩下一家公司）。

然而就在此時，串流服務業者開始僱用專人製作播放清單。在廣播電台的語境裡，這些人會被叫做 programmer，也就是節目編排專員，但當然在科技業中，programmer 指的是寫軟體的程式設計師，所以他們就不能叫做 programmer，而必須被改稱為帶有策展色彩的選編專員（curator）或編輯（editor）。但他們每天做的事情，就跟廣播電台裡的節目編排一模一樣，畢竟他們很多人原本就是被串流業者挖角過來的電台節目編排專員，如今只是換一台筆電做跟以前一樣的工作：他們會用老練的耳朵去聆聽，會去觀察並掌握流行文化，會與音樂人互動交流，會應付唱片公司的抱怨與要求，會仔細檢視檢視各種成效指標。只不過他們這樣製作出來的成果不是衛星頻道或地方上的電台聯播網，而是在 Spotify 或 Apple Music 或其他平台上如「本日金曲特選」（Today's Top Hits）或「饒舌魚子醬」（RapCaviar）或「花粉」（POLLEN）或數以百計其他品牌經過精心設計且宣傳不移餘力的播放清單。時至今日，許多這些串流平台的播放清單都已經可以達成廣播電台等級的聽眾規模，少數播放清單的聽眾基礎甚至已經相當於一個電台聯播網。

然而那些最大型的播放清單，也往往不可免地會跟電台遇到類似瓶頸，不論是結構上和文化上的。要取得影響力，這些播放

清單就必須要展現力量，但要展現力量，你就必須要集中火力。饒舌魚子醬目前有五十首歌，而不是四十首，但這又回到了同樣的循環論證。饒舌魚子醬之所以很不得了，是因為只要上得去這個播放清單，就代表你可以觸及超過一千萬名聽眾的樂迷，而千千萬萬的樂迷之所以追著饒舌魚子醬跑，是因為他們想知道嘻哈圈現在有哪些被千萬人追捧而不容錯過的作品。這套做法要能夠行得通，前提是播放清單得要夠短，短到上頭的每一首歌曲都可以來回地播、反覆地播。饒舌魚子醬有足夠的分量可以讓一名饒舌新人打開知名度，但它之所以能有這種分量，靠的是讓所有名列前茅的饒舌作品集中在這以方便樂迷朝聖，而這就代表饒舌魚子醬得在選編曲目的時候排入江湖地位已經十分穩固的饒舌天王天后。它作為一份播放清單自然得為了與時俱進而調整曲目，但它也不能輕言放棄那些仍舊握有文化地位的作品。所以它確實有能力把一名獨立的饒舌歌手引薦給廣大的樂迷，但必須以最大唱片公司裡的最大咖藝人不缺席為前提，而這就代表饒舌魚子醬能引薦的新人不會很多。

你可以對此感到害怕。如果你是個正在摸索如何靠音樂謀生的新藝人，那這在你眼裡就會像是個讓人不得其門而入到膽寒的系統。饒舌小子錢斯，乃至於不時會聽到的與他類似的例子，都幾乎只是會讓事情感覺更糟糕：他們的存在顯示想要走紅，確實有一條有原則可循的獨立道路，但卻沒說清楚這條路要怎麼走。

但這其實並不是一種新的恐懼「第五步：登上饒舌魚子醬」只不過是「第五步：找到唱片公司簽約」的輕微變形：也許不會比較簡單，但也不會比較難。事實上，大部分人想要抵達「登上饒舌魚子醬」的目的地，「找到唱片公司簽約」都是必經之路。

當然大部分不等於全部。在音樂串流的世界裡，播放清單的力量之所以有意思、引人注目就在於它們的數量之龐大，而且都有著觸及全世界聽眾的潛力。傳統的廣播電台針對分眾的音樂類型有著地理上的能力侷限性；你或許可以在洛杉磯找到五個播放墨西哥地區音樂的調頻電台，但你在費城可能一個都找不到，而想要在日本京都找到百分百諾戴紐[3]的電台或在瑞典的馬爾默（Malmö）找到電台裡的馬利亞奇[4]專業戶更是完全不可能。「區域型墨西哥」作為一種電台的類型，本身就已經是一種妥協，因為這種電台就是把鄰近的聽眾打包成一捆賣給廣告主。而當然廣播電台天生就很不適合分散的聚落，同時也跟其特色不夠在地的音樂相斥。我從來沒聽過氣氛黑金屬（atmospheric black metal）的調頻電台，也沒聽過全女性的金屬電台，或是暗黑爵士電台。沒有哪個地方能有夠多的這些類型音樂樂迷來撐起調頻頻譜所需的市佔率，或是產生出廣告業務的拉力。夠走運的話，你附近的某家電台會每週有一、兩個小時的時間撥給比電台整體走向更為小眾的節目，就像八〇年代達拉斯的專輯搖滾電台 KZEW 上會有喬治・吉馬克（George Gimarc）的節目「另類搖滾」（The Rock & Roll Alternative），當時我還是個孩子。

在網路上，所有的小眾類型都有機會成為關鍵多數（critical mass）。Spotify 與 Apple 的人類編輯會製作並維護數以千計的播放清單來服務這當中最活躍與熱門的音樂類型，其力度遠非傳統電台在任何時候可以比擬。串流這樣的形式天生就適合這些散落各地的音樂，能讓每一種音樂都隨著其聽眾流動到全世界。把全世界的音樂都上傳到網路，追求的是把每一首歌都放進每只耳朵裡那小小耳機裡的方寸之間。

在此同時，串流服務志在讓你聽到他們的播放清單，因為沒有所謂獨家的音樂，那就意味著串流服務的特色，乃至於其留住聽眾與使用者的能力，取決於他們打算拿這些音樂去做什麼。廣播也有相同的處境，所以才會有電台使勁渾身解數去留住忠實聽眾。「聽到 U2 新歌後第一個打電話進來的聽眾朋友，就可以獲得他們這週六晚上演唱會的前排門票。接下來兩個小時的節目請您守在收音機旁，千萬不要離開！」

但串流服務就像是一個讓你漫遊在其唱片資料庫裡，隨意探頭探腦的電台。想聽 U2 的歌曲，你不需要讓電台用精心企劃來最大化廣告觸及的釣魚活動擺布你，讓你在收音機前等到天荒地老，你可以想聽就聽。要是 U2 是你的雷，你也不用擔心，因為播

---

③ Norteño，墨西哥的北方音樂。
④ Mariachi，墨西哥著名的街頭樂隊風格。

放清單裡有什麼歌曲都很透明，你不開心可以隨時按掉走人，自己製作一個合你心意的播放清單。

而一旦串流服務開放讓聽眾自行製作播放清單，同時又學會了如何用演算法爲聽眾生成個人化的播放清單，那麼便幾乎不存在規模上的限制了。就像串流可以讓一千萬名藝人上傳音樂，也可以讓一億名樂迷用幾乎無異於饒舌魚子醬的格式去選編播放清單，也可以讓五億樂迷成爲這些播放清單的最小聽眾規模。大部分這樣製作出來的播放清單，確實與其說像個調頻廣播電台，還遠不如說像是在一間地下室的一台唱機。但志向遠大的選編者可以有夢，就像志向遠大的饒舌歌手也可以有夢。舊世界裡沒有可以把一台唱機變成一間廣播電台的魔法，但你費盡心思親自製作的播放清單，不論裡面是振奮人心、帶有人聲副歌的車庫饒舌[5]名曲，還是馬特諾音波琴[6]室內樂，只要聽眾人數從一跳到二的那一刻起，你就不需要再懷疑了：這個數字隨時可以爆發到讓你認不出來。

對一個音樂人來說，站在沒沒無聞的低谷望向上方那成名的高峰，這組播放清單能給你在傳統廣播時代絕對看不到的向上流動的希望。只要你的歌被收錄在其他任何小型播放清單裡，就有機會再被另一個有更多聽眾的播放清單注意到。但這更像是一種希望，而非事實或帶來快樂。坊間人士對這些平台進行比較，顯示出聽眾自製的播放清單貢獻了 Spotify 上過半的播放清單播放次數（相較其他大型平台上的比例則爲十到三十％），而任意搜

尋一下某個熱門播放清單主題，你通常不難看到一些聽眾選編的播放清單坐擁幾十萬名追蹤者。這讓大量的文化注意力不再受到控制，雖然這些新平台掌握了集中技術的主導權，但在結構上卻讓這些注意力自由流動，或許這正是他們擁有主導權所要付出的代價。

所以沒錯，確實還有警衛守在大門那裡，而且他們穿的制服還蠻復古。那些蜿蜒而無人看管的播放清單向上之路，像是一道模糊而不固定的半階級制度的梯子，還未成為一條明確的成功道路，不是你小心沿這條路最終就能翻越高牆。但至少，這讓我們看到了一條由流動與努力所鋪成的路徑，重點是走在這條路上，你會多少有一點自己在爬著什麼的感受，而不會覺得自己只是等著被巨鷹抓起騰空。有個陌生人把你加進一個有另外五個陌生人追蹤的饒舌播放清單，或許最終對素昧平生的你跟他都掀不起任何人生的大浪，但過程中總是會某種可能性在你心中盪漾，從前你連想蕩這一下都是妄想。

---

⑤ Grime，二〇〇〇初誕生於倫敦東部的一種音樂類型，由早期的英國電子音樂發展起來，同時也受到牙買加雷鬼、嘻哈音樂的影響，其特色是節拍快速而多零碎的切分音，且歌詞多描述都市生活中的鬱結。

⑥ Ondes Martenot，法國人馬特諾在二十世紀初發明的一種電子鍵盤樂器。

#第8章
「紅髮艾德拿了我的錢」

「播放比例制」與「使用者中心制」的分潤機制比較；在串流權利金分配計畫裡，公平性這個假設性概念的個體經濟學意涵

　　假設你是音樂串流服務的付費會員，就像所有的好公民那樣，那你對如今錄製音樂產業的絕大部分的營收來源就有一分貢獻。一如音樂產業長年的狀況，這部分營收的大宗都會流向最有人氣的作品。紅髮艾德在 Spotify 歷史上是累計播放次數的第二名，對此我個人的貢獻來自於我意外地迷上了他的那首〈山丘上的城堡〉（ *Castle on the Hill* ），所以其累計超過十億次的播放次數裡，我也出了份力（這還只是一個平台的數字，雖然 Spotify 確實是紅髮艾德的大本營就是了）。我同樣欲罷不能的還有熱門歌曲的翻唱，而其中一首〈山丘上的城堡〉我很喜歡的版本，演唱者是韓國的翻唱歌手 J.Fla，她論名氣自然比不上紅髮艾德，但她翻唱的很多歌，包括〈山丘上的城堡〉在 Spotify 上都至少有破百萬的播放次數，所以看來她要吃翻唱這行飯名氣還是夠的。

要是你對此心存懷疑，你很可能會持有三個常見、聽起來合理但與事實不符的理論，關於你付的訂閱費用是如何流向從事音樂創作的藝人。

錯誤理論一：藝人沒拿錢。這是錯的。任何一家大型音樂服務平台都會把七成左右的營收拿去付權利金，留下大概三成。這種賺頭略小於 Apple 在 iTunes 下載時代那三十五％的利潤，更遠遠比不過黑膠、CD 的壓片廠、經銷商、唱片行合計有營收五十五％的利潤。串流授權合約真就是這麼寫的，收益即是按比例來計算，所以串流平台賺得愈多，他們付出去的權利金也愈多。平台業者如何營運與潛在獲利，看的就是他們如何利用那剩下的三十％。

錯誤理論二：每一次串流都值一樣的錢，所以藝人收到的錢就是固定單價乘以歌曲被串流播放的次數。這也是錯的，不然身為使用者的你就會變成聽得愈多付得愈多，而訂閱制同樣不是這樣運作的。

錯誤理論三：串流平台業者拿了你的錢，你聽音樂，然後業者把你的錢分給你聽過的藝人。這是三種理論中最好的一種，因為這在理論上確實行得通，而且你就算一直抱持著這種想法，也不會對你自己產生什麼樣不好的後果。但錯就是錯。

放眼音樂串流訂閱市場，多數主要業者的分潤其實是透過一個相對簡單的數學計算：業者把整個月下來，從所有使用者賺的所有錢放進一個大水庫，然後再根據當月實際的串流表現進行分

配。這種做法名為播放比例制，英文叫 pro rata，其中 pro 在拉丁文裡的意思是 professional，代表平台業者「很專業、很厲害」，而 rata 的意思是「不用把四億份請款單都印出來」[1]，而這對應的是那種你個人所花的錢直接分配給你所聽藝人的模式，正式名稱叫「使用者中心制」，而使用者中心制的英文是跟拉丁文毫無關係的 user-centric，主要是其支持者希望名稱簡單易懂。

仔細想想，你可能會意識到一件事：假設你訂了一家串流服務，然後你一個月下來只聽了 J.Fla 翻唱的〈山丘上的城堡〉這一首歌，而且只聽了一次。但即便是這樣，J.Fla 可能還是沒辦法拿到你十美元月費中的七美元。

在播放比例制之下，你可以很有自信地把可能兩字拿掉，因為這七美元 J.Fla 確實拿不到。你付的錢不會直接從你手裡跑到你聽的藝人那裡。你個人的播放次數也會被放進全平台的總播放次數裡計算。

所以如果某個平台有一億個十美元方案的使用者，每個人每個月能貢獻的分潤金額是七美元，那乘以一億人就是七億美元。假設本月這一億名使用者的平均播放量是一千首歌，那麼總播放次數就是一千億次，一次播放的價值就是〇・〇〇七元。所以 J.Fla 不會因為你聽了她一首歌一次，就拿到七美元，那是使用者中心

---

① pro 在拉丁文裡的意思是「按照」，而 rata 是「比例」，作者行文是在開玩笑。

制裡才會有的假設狀況。實際的狀況是她只能分到〇‧〇〇七美元。你的另外六‧九九三美元有其他的地方要去。

紅髮艾德相對之下，擁有一千萬名粉絲使用者（一千萬是取個差不多而不會太過分的整數），且這些使用者都只聽他一個人的歌，一個月大概聽個一千次（取個很客氣的整數）。這些使用者可能就住在隔壁公寓，跟你只有一面薄牆的距離。這樣算下來就是一百億播放次數，相當於當月總播放次數的一成，由此艾德便能分到該月分潤的十分之一，七千萬美元。

很多人斜眼看著這些人為設定的數據，但自己又沒有辦法像紅髮艾德那麼走運，隨隨便便就把錢給賺了，於是他們憤怒地下了個結論，認為是紅髮艾德把原本應該流向小藝人的錢都拿走了。更過分的是，艾德拿走的那十分之一分潤，裡面也有你的一份，但其實你根本不聽他的歌。所以這整個系統根本就是作弊、打假球，就是在服務有權有勢的人。就是因為有這種系統，艾德以外的音樂人才會窮到快活不下去。

大部分企業系統都是服務有權有勢者的作弊系統。但在此例中，系統的發明者並沒有辦法預判當使用者真正開始使用系統後，事情究竟會如何發展。他們做了一些情理之中的推斷，但還是有一些結果與他們的想像不同。事實上，幾乎沒有人會一個月拿十美元出來訂閱平台，然後聽一首歌一次就完事了。真有人這麼做，我們幾乎可以肯定他或她不是因為把整個月的愛都壓縮在

三分鐘內，然後真覺得這三分鐘就值七美元。正常的串流使用者大致上一個月播一千首歌。要是你這個月聽了一千遍 J.Fla，那就相當於一千億次播放次數的一千次，也就是一億分之一的播放次數。換算一下，她可以拿到七億美元分潤的一億分之一，也就是七美元。

　　從你身為聽眾的立場去看這件事，最簡單的思考角度大概會是這樣：你每在串流平台上播一次歌，就指定了一次播放量的分潤流向。如果你單月播歌的次數相當於全體使用者的平均值，那就相當於你指定了你全部月費的流向。如果全體使用者的月播放量都一模一樣，那就等於每個人都用自己的聽歌選擇指定了自己的月費流向，誰也沒佔到誰的便宜，這時候不論平台採用的是播放比例制還是使用者中心制，結果都沒差。反過來說要是你的串流播放量低於平均，那就代表你的收聽沒有用盡月費。而要是你的串流播放量高於平均，那你額外收聽的藝人就會賺到那些沒有被人徹底用盡的月費。所以從系統的角度觀之，如果你是聽歌聽得沒那麼勤的使用者，那你能控制的平台分潤比例就比較小，反之若你聽歌聽得比較勤，那你對平台分潤的影響力就會等比例放大。而由於大部分人的聽歌播放次數都落在平均值附近，所以實際發生的狀況就變成聽得多的人在越俎代庖地決定那些聽得少的人的剩餘月費該如何分配。

　　對公司內部的運作來說，這種播放比例制的做法比較輕鬆，反之若是得像使用者中心制那樣各別處理每個使用者的金流，

那平台可就頭大了。蠻便利的一點是靠廣告收入過活的串流平台也依循類似的原理，也就是聽者不需要自掏腰包，而是透過收聽廣告替串流平台賺取收入。（只不過有趣的是，你歌播得愈多，廣告也就聽得愈多，而這一點就會讓以廣告為生的串流平台變成在操作上是播放比例制，但就效果而言卻是使用者中心制。）這也提供了很直截了當的誘因給唱片公司與藝人：串流播放量永遠是愈大愈好。在使用者中心制的架構下，唱片公司、藝人的行事動機會有點奇怪而醜陋：你不在乎你的歌迷聽了多少你的歌曲，但你倒是很希望你的歌迷不要去聽其他藝人的作品。假如你是 J.Fla，而你的一名粉絲整個月只聽了一首歌，重點是那首歌是你的，那到了月底的最後一天，你將說什麼也不希望他登入平台然後把別人的某張專輯整個聽完，因為那代表前一分鐘你還可以七美元全拿，而三十八分鐘後你按比例，只剩下〇‧五四美元的分潤。

而當然你不會真的只聽一首歌，也不會是唯一一個聽 J.Fla 的人。就像大多數紅髮艾德的粉絲也不會只聽艾德的歌。

但不同的聽眾確實會有不同的串流收聽量，也因此播放比例制與使用者中心制確實代表了兩種不一樣的分潤動態。然而如果拿不到大型音樂平台的實際串流數據，那這兩種分潤制度對個別的藝人或全體藝人會有什麼效應，我們就也只能用猜的而已。只不過有一些人就覺得播放比例制是一種系統性的不公不義，是在

▶ 串流音樂為何能精準推薦「你可能喜歡」

搬運獨立音樂人該賺到的錢,去替流行寰頭把在山丘上的城堡蓋起。他們對自己的猜測自信滿滿,並藉由許多公關運動侃侃而談。他們說:紅髮艾德拿了大家的錢。

　　要是你恰好在大型音樂串流平台上班,那你就不需要猜,你可以去查看。這個數據的資料量很大,但數學並不難。整體而言,如果聽得較勤的樂迷聽的是比較紅的藝人,那麼比起使用者中心制,播放比例制就會在經濟學(與社會學)的意義上更呈現一種「累退性」的狀態,也就是拔較不紅之藝人的毛去堆疊較紅藝人的財富。反之若聽得較勤的樂迷更愛聽那些沒那麼紅的藝人,那麼播放比例制就會偏向「累進性」,也就是從大咖藝人往較小咖藝人的方向進行財富重新分配。由此我們就可以用量化的方式解答這個非常基本的問題。具體來講我們可以把 Spotify 上每一個使用者的「每月串流播放次數」統計出來,然後再去看被高於此平均(相對活躍)與低於此平均(相對不活躍)的聽眾所聽的藝人,他們的人均單月播放量各是多少。最後將「活躍使用者所聽藝人之人均單月播放量」除以「不活躍使用者所聽藝人之人均單月播放量」後得到一個比例。如果這比例大於一・〇,那就代表播放比例制對應累退;反之若這個比例小於一・〇,那就代表播放比例制對應了累進。然而這個比例不論大於或小於一・〇,你都絲毫無法看出平台內部獨家的統計數或平均值。我還在 Spotify 的時候,這個比例大概在〇・八三上下浮動,也就是說:較不活躍之使用者所愛

聽的藝人，其熱門的程度如果是一，那較活躍之使用者所愛聽的藝人，其熱門的程度就只有〇‧八三。這些平均值會隨著國家不同而有顯著的變動，也會隨時間而有小幅的變動，所以最終算出來的比例也會在這兩個維度上有輕微的起伏，然而它們都是以同樣的幅度與方向在起伏。所以總歸一句就是：播放比例制偏向累進，使用者中心制偏向累退。

對此我們真的沒什麼好覺得驚訝的。聽歌聽得沒那麼勤的人，往往知道的音樂比較少，所以他們花在聽音樂的總時數會比較少，而且通常聽的都是那些很紅的藝人，譬如紅髮艾德。那些花更多時間去聽音樂跟探索音樂的人，很自然會更容易發現並喜歡上更多藝人，尤其是那些較鮮為人知的藝人。人生在世，我們確實很少誤打誤撞地遇到可以劫富濟貧的累進制度，更多時候我們必須去與劫貧濟富的累退制度奮戰，但很巧的是在串流音樂的世界裡，我們就是這麼走運。所以如果你在乎公平正義，那閉上嘴享受這一切是我給你的建議。

只不過閉上嘴享受這歪打正著的勝利，似乎不是人類很擅長的事情。眾人持續爭論著這一點，也爭論著其對個別聽眾與藝人的細部意涵，而也確實，細節的變異性要遠強於大方向會有的變動。於是乎幾年前，我建立了一種簡單的數學計算，為的是把播放比例制與使用者中心制的模型一起套用在 Spotify 全體的串流上。我開始每個月跑一遍這個數學算式，然後比較兩種制度、模型跑出來的結果。結果使用者中心制不僅會把更多錢導向像紅髮

艾德這類藝人，有些月分中艾德更會直接成為以絕對金額而言最大的受益者，因為他的那座城堡即便只佔很小的比例，其絕對金額也非常之大。即便你不放他的歌，你還是會有一些月費被紅髮艾德拿走，這點基本上算是沒有改變，但這只是理論上如此，而同樣在理論上，你確實播放了的藝人也可以從艾德粉絲的月費中抽到一部分錢。而由於艾德的粉絲比較可能是播放量低於平均的那一群，而小咖藝人的粉絲比較可能是播放量高於平均的那一群，因此一來一回，整體的現實就是在目前的播放比例制運作下，紅髮艾德並沒有多拿了我們的錢，反而是我們多拿了他粉絲想給他的錢。

但這錢不多就是了。所以最悲哀的事實並不是現行分潤制度在對沒沒無聞或掙扎度日的藝人造成一種系統性的不公不義，而是現行制度明明偏心不紅的藝人，但由於較活躍之使用者往往會聽數量較多的小藝人，所以隱含在播放次數比〇·八三中的那差額達〇·一七的好處，會在眾多小藝人之間被瓜分殆盡，由此較活躍使用者所青睞的那群較不紅的藝人，通常只能多賺個五到十％，而這點零頭根本影響不了大局。除非把更激烈、更刻意的社會主義實驗套用到音樂產業上，將紅髮艾德買城堡的錢分配給那些還需要付房租，或者需要升級一下隔音設備的音樂人，否則不論是小音樂人或紅髮艾德的人生都不會有任何改變。

然而這讓人看不清內情且結果幾乎沒有差異的狀況，可以變成你在自身的道德思考上一個很有趣的案例。如果我們想追求的

是公平正義，那我們該如何定義這種公義？使用者中心制在理論上是一個針對你個人量身訂做，完全知道你作為一個聽眾想用行動表達什麼的做法，但知道你想用行動傳達什麼訊息是一回事，能順利利用這種訊息去產生你想要的權利金分潤結果，又是另外一回事情。比方說，你在某個月的前三個禮拜聽了兩個樂團，而且聆聽的量正好一半一半，然後你希望你繳的費用可以由他們平分，為此你可以小心翼翼地以各半的方式聽完最後一個禮拜，但萬一你最後一個禮拜就是只想聽其中一個樂團，那該怎麼辦？假設使用者中心制可以讓你更清楚看到你繳的錢如何流向你支持的藝人，但會導致這些藝人的收入變少，那你該怎麼選擇？你是比較在乎對自己有所交代，還是更在乎讓你所樂見的結果能實實在在展現出來？

SoundCloud 曾嘗試使用一種修正版的使用者中心制模型，由藝人自行判斷要不要加入，而如果他們選擇加入，那就一定是覺得自己能因此得利，但其實最終這麼測試下來，參加者有五十九％反而賺錢變少了。可惜的是這個修正版使用者中心制的研究並沒有一併揭露那些按兵不動留在播放比例制裡頭的藝人，他們在同一時間的報酬為何。

反過來說，相對於使用者中心制，播放比例制一來不能篤定地說自己在結構定義上有著經濟上的累進性，二來不好說自己每次的效應都能呈現出一致性。我們可以說播放比例制在實務上具有些微累進性，也就是會將富人的財富少量重分配給不那麼有錢

的人，但這並不是每次皆然。那麼這樣一種捉摸不定且只能在很小的程度上有著普遍性優勢的做法，其道德上的價值為何？

同時要是我告訴你使用者中心制系統有一種能力，是可以移動十％的財富，而且是從養尊處優的白人男性藝人流向在力爭上游的女性與少數族裔藝人呢？抑或是我告訴你相反的事情呢？現況是正好相反：在音樂類型的層次上，播放比例制大致會把一點點錢從經典、老牌搖滾藝人處重新導向年輕一點的嘻哈與流行藝人處，理由是老牌藝人的歌迷通常也比較老，而老歌迷會相對沒那麼常用串流，而這便給了年輕歌迷可乘之機，讓他們可以靠著高於平均的播放量挖一點經典搖滾歌迷沒聽完的月費到嘻哈這邊來。

但要是這些現況會隨著時間改變呢？這是個道德問題，還是個現實問題？「你該將之視為道德或現實問題」又是不是一個道德問題？

想要思索出自身的信念，你可以想像把同樣的兩難套用到你自己的稅務上。我明白用稅務去解釋音樂，就好像為了騙你吃下一小塊甜甜圈，而將之藏進一大塊藥裡一樣。假設你覺得公共圖書館是種邪惡的東西（也許你憎恨館藏裡的日本俳句），而且你知道稅款就是被拿去蓋了這些圖書館。你可能覺得你理想中的稅制，是一個你可以表達「自己繳的稅一毛錢也不准拿去蓋圖書館」的稅制。但要是這種稅制使得很多恐怕討厭自由、討厭卡車、討厭各種好東西的其他人，也可以表示他們繳的稅應該被拿

去蓋圖書館，結果政府蓋圖書館的預算不減反增呢？

這下子你還覺得這種制度理想嗎？你會繼續覺得這是種好制度，因為你可以控制自己的稅金花到哪裡，還是你會覺得這是一種壞制度，因為現在變成有圖書館在各個轉角醞釀各種不和諧的想法跟推廣日本俳句（除了有些轉角已經被賣墨西哥塔可的卡車給佔走了）？你是會願賭服輸，微笑地接受這種慘澹的結果，誰叫腦袋一團漿糊的俳句蠢貨人數就是比較多，還是說他們的錯誤思想反映了一種深層的系統性不公？

我喜歡圖書館，也喜歡墨西哥的好吃塔可。我家走路八分鐘距離就有間圖書館，而那間圖書館隔著馬路，對面就是一間塔可店。我對於路上要開什麼跟要該在誰的對面，都沒有任何說三道四的權利，但就我個人而言，我會比較青睞團體結論勝過個人獨斷。不知道各位又是怎麼想的？

在各位讀者思考這一點，而我則在等待我點的塔可餅的時候，我願意承認我刻意在解釋分潤制度時過度簡化了當中的數學，我略去了許多各位不需要知道，因為那不影響大家理解不同制度效應的細節。但各位可能還是會有興趣知道一下，畢竟人們就是容易感到好奇。

那麼首先，某次「串流」要能符合分潤的資格，該首歌被播放的長度要至少三十秒，而每一次有播放行為符合這個條件，一個單位的分潤就可以成立，這一點跟這首曲子的實際長度完全沒

有關係。亦即短如一首全長不過三十五秒，而且裡面很多饒舌專輯中間的串場，其收益跟一首扎扎實實四十分鐘的古典協奏曲，其各播一次的分潤收益沒有任何差異。比起前面介紹過因為分潤模式的選擇而對特定藝人或音樂類型造成的收益差異，不過就五到十％，相形之下三十秒規定對分潤的影響要大上許多。事實上，你可以看到這一點造成了許多聲音產品包裝上的亂象在有聲書與背景噪音的專輯上比比皆是。現今你會動輒看到這類產品被刻意拆成不同首歌曲，而且是再多首都不嫌多。重點是，每一首就那麼巧都超過三十秒，但也就剛剛好超過三十秒。不到三十秒的歌曲是完全不賺錢的，除非有特別勤勞的聽眾會特別在聽到第一遍接近尾巴的時候，把進度條拉回到開頭去播第二遍，進而讓全長只有三十秒左右的歌曲播放時長超過三十秒。輾核天皇樂團（Napalm Death）那首只有四秒的〈你受苦〉[2] 就是因為比三十秒短很多，所以其有效播放量只有同專輯的其他單曲的一％，但也是因為有人一直手動拉回去重播，這首歌的播放量才不是零。

　　再來說到「分潤」其實只是一個統稱，那當中可以拆分為好幾個部分，但不論是哪一個部分，錢都不會直接流向藝人。大約

---

[2] *You Suffer*，這首歌其實只有一‧三一六秒，收錄於該樂團一九八七年的首張專輯《人渣》（*Scum*）中。雖然聽起來就像是很隨便地咆哮了一聲：「啊！」，但是實際上這首歌有一句完整的歌詞：You suffer, but why?（你受苦，是為了什麼？）

六分之五的權利金會流向錄音作品的授權方，而授權方通常指的是唱片公司或獨立發行商，他們在權利義務關係上代表著表演藝人。另外六分之一會流向歌曲的詞曲版權公司，他們透過一種複雜的詞曲與錄音版權的內部結構代表著詞曲作者。〈山丘上的城堡〉是由紅髮艾德跟班傑明・勒文（Benjamin Levin）寫成，所以如果你播放艾德的原唱版，六分之五的衍生權利金會流向發行這首歌的唱片公司，六分之一則會流向代表紅髮艾德與班傑明・勒文這兩名寫歌者的版權公司。而如果你播放 J.Fla 的翻唱版，那有六分之五的權利金會流向這位翻唱歌手所屬的唱片公司，六分之一還是會流向同一家版權公司，因為寫歌的人是不會變的。

唱片公司、發行商它們與歌曲的詞曲版權公司在收到這些錢之後，再去根據雙方的合約與說好的抽成比例將錢付給藝人與詞曲創作者。為數眾多的自助式獨立發行商基本只經手音檔與中繼資料的格式化與傳送，由此他們收到的錢幾乎會原封不動地轉給藝人。但如果簽約的對象是大唱片公司，那藝人多半已經在唱片還沒做出來之前就拿到了一筆預付金，這筆錢通常且嚴格來講，是預支的概念，但藝人並不需要償還現金，而是會從權利金中優先扣除（業內的術語是扣抵）。等唱片公司回收完這筆預支給藝人的預付金，藝人才會開始領到版稅。唱片公司也可能把製作與行銷成本納入到這筆帳裡頭，所以就算有很多串流的錢從大水庫朝藝人流過來，錢真的進到藝人手裡也得要好一段時間。

而在你認定藝人在大唱片公司旗下遭到剝削之前，我要提醒

你一件事情，那就是綜觀歷史，自始至終都沒能回收預付金的唱片，豈是一個多字了得，而這就代表藝人賺到的預付金（或至少是讓唱片公司花在他們身上的成本）要比他們能賺到的所有權利金都多。唱片公司靠著從暢銷曲那裡分到的利潤來養那些沒那麼暢銷的作品，雖然不會有人誤以為大唱片公司的合約是以利他主義與社會主義為基礎擬定，但比起串流平台付權利金給唱片公司時那兩種相互較勁的模式，唱片公司體系確實更直接也更不設限地將錢從旗下較紅的藝人導向比較不紅的。但這點對獨立藝人來講既沒有實質幫助，也不能讓他們心理上好過一點，因為他們多半是自掏腰包，負擔了所有的錄音成本，而現在他們就手捧著小水桶，站在大水庫的邊上。

而嚴格講起來至少在 Spotify，權利金其實並不是只有單一個大水庫，而是每個國家的每一種訂閱制產品都對應一個獨立的小水庫。所以所有一般 Premium 會員方案在美國的十美元月費，都會參照全體這些美國 Premium 使用者的播放次數來分配；至於在德國的學生優惠方案月費，則會根據全體德國學生使用者的播放次數來進行分配，以此類推。方案價格（與匯率水準）會在國家之間有不小的差異，而使用者單月聽音樂的時長也都不相同，所以一次串流的實際價值到了月底可天差地遠，一切都取決於播放曲子的人是誰。美國 Premium 使用者的串流可以在這個月價值〇・〇〇七美元，但同樣的串流在美國家庭優惠方案

裡則可能只價值○‧○○三美元。丹麥的 Premium 方案串流可能價值○‧○○九美元，而印度的學生方案串流則可能只價值○‧○○一美元。而以上這些數字到了下個月，都可能隨著方案費率與聆聽模式的改變而改變。

　　為免可能具有競爭價值的資訊外洩，畢竟這可是資本主義的玩意兒，串流平台業者通常不會特意通報這類變異，但當然唱片公司與獨立藝人會在收錢的時候發現這一點，而他們可沒有同樣的動機要保密，所以這類資訊往往會三三兩兩地被公諸於世。

　　而由於想一口氣討論上百種不同的費率實在是窒礙難行，因此林林總總的這些費率常會被平均成實質上的單次串流費率，一個平台一個。說這個數字真實，就像說你把一整個披薩切成幾片很真實，這兩種數字都一樣不管用，因為不論是權利金還是披薩，我們都還是不會知道餅有多大。這樣一個過程最後算出來的是一種統計的結果，而不是藝人能拿到的薪水。這個數字動不動就會被引用，彷彿我們真的可以利用這個數字來比較哪一個平台對藝人比較慷慨，但其實這麼做不但錯誤，而且根本一點意義也沒有，須知所有的大型串流平台都有著大同小異的訂閱方案，而權利金的分潤比例也基本上都相同，就是營收的七成左右。市場競爭確保了平台慷不慷慨並不是分潤時的考慮因素。稱許某個平台的單次串流分潤較高，就像根據「有多少付費成員不使用它們的會員服務」在給健身房打分數。

　　知道每次串流的分潤而不知道與之相關的串流次數，對於藝

人的收入你還是一頭霧水。Spotify 靠廣告生存的「免費」方案以單名聽眾而言，其創造出的收入會少於對手 Tidal 那個較高價但主打無損音質的串流方案，只是前者所吸引到的聽眾人數也多很多。〇・〇〇一美元收一百萬次跟〇・〇一美元收一千次，一定是選前者比較好。這個算法你信我準沒錯。

按串流次數分潤一個真正不容易看出的問題——如果是要討論公平性或收入多寡的話——是在於那個數字真的小得可以。寫成美元，你會覺得一堆〇在那邊，尤其如果你把小數點前面那個〇也寫出來的話。〇・〇〇七、〇・〇〇五、〇・〇〇三七八！？！在舊時，CD 買起來是十五美元一張。這兩種數字根本無法同日而語，也就是說我們拿著這兩邊的數字，該做的事情不是去比較它們，只不過一般人不會這麼想，所以你會聽到很多人用宛若受害者的口吻說著似是而非的怨言，像是「你靠〇・〇〇三七八美元是要怎麼過活？！！」

〇・〇〇三七八美元當然沒辦法過活。要是你只有一個歌迷，而且他或她每個月只播放你的歌一次，那你真就沒辦法把正職給辭了。但其實如果你的唯一粉絲只買了一張你的 CD，你一樣還是沒辦法過活。

不過在串流的世界裡，你會每次有人播一遍你的歌，就多領到一點點錢。而如果是 CD，很顯然你的歌曲形同被買斷，而他們在家想播幾遍就播幾遍，通常不會只有一遍。有時候他們會播個上百次，然後再把 CD 賣到二手唱片行，讓其他人用兩美元撿

走（而且這兩美元都完全不會分給唱片公司或藝人），然後再帶回家播個上千遍。所以一張 CD 被聽到爛，其實質歌曲單次播放的費率是多少呢？我們不知道。想根據 CD 購買量去評估樂迷聽歌的模式，就像只在人出生時給嬰兒量過一回體重，然後在他們接受髖部置換手術時又量了一回體重，然後就想要判斷人類體重的社會趨勢一樣。

事實上在大部分時候，歌迷根本不會去買 CD，因為一張 CD 十五美元，其實還蠻貴的。他們會在廣播上聽免費的，會把歌錄在錄音帶上互通有無，或是索性安於天命，手邊有什麼聽什麼。所以說在 CD 時代，實質歌曲單次播放的費率只有很少一部分會成為隨著 CD 銷售量的增加而累積上去，但隨著串流逐漸取代聽廣播與購買專輯，我們不難想像一個每一首歌的每一次播放都可以收一點點錢的未來。

這導致了一個規模大到令人吃驚的徙變，那就是過往那些都屬於無償的活動，比如像是歌迷把聽新歌當成實驗，並進行自由而大膽的探險，開始可以牽引真金白銀的權利金流向。結論是串流不僅改變了金流的規模，它還改變了整個經濟系統的運作方式。

#第9章
傭兵與粉絲大軍

作弊與奉獻 vs. 數學，以及與荒謬詐欺的小戰爭

哪裡有「經濟系統」，哪裡就幾乎免不了有詐騙。

身為人類，承認這一點並不是什麼光彩的事情，但一路以來的歷史似乎告訴我們事實就是如此。錢理應是一種為了簿記而生的發明，但最終它卻轉換了身分，從人類的工具變成了目的。

詐欺與作弊存在於音樂產業裡，就像它也存在於各行各業裡，其歷史之悠久絕非串流可以相比。早在排行榜還是靠人用電話回報銷售量數據的時代，你就可以收買那些人去以低報高、給銷售量灌水。廣播節目主持人只要收了錢，也一樣可以假裝他們一天到晚播某首歌是因為他真心喜歡。帳目是可以被人玩弄在鼓掌之間的。

串流不見得讓作弊變容易，但整體而言，它確實讓內向的騙子更容易摻和進來。比起打電話，騙子現在可以寫個電腦程式，

便假裝成聽眾在串流平台上聽歌。非法行為仍保有某種邪惡的魅力。

　　老實說，串流音樂詐欺並不是最光鮮亮麗或最有賺頭的一種混帳行為。串流的報償是以聚沙成塔的方式在透過「小額交易」累積，而要能費勁且非法地累積這些「小額權利金」，其所需要的軟體並不會比讓你能領到正常薪水的合法軟體好寫。想把規模做起來，除非你去販賣這種這詐騙服務，賣到你變成一個非法服務供應商，但做到這種程度，你就得開始面對合法老闆得面對的經營問題，畢竟非法企業也是企業，屆時那個戴著有型眼罩且髮絲裡透著海風的浪漫海盜，你已經不可能再當下去了。想要靠詐騙致富，你還不如去炒垃圾股票或玩加密貨幣，股市與幣圈裡的錢才真是多到氾濫，而且「正當」行為跟詐騙之間的界線模糊得很。

　　這麼一通說明聽下來，你可能會覺得好喔，那詐欺在串流理應該不會是個很大的問題了吧，而在很早期一段並不長的時間裡，你這麼想可能沒有錯。當回聲巢在二〇一四年加入 Spotify 時，Spotify 的反詐欺工作幾乎可以總結成月底的一張試算表上顯示有幾首歌似乎被少數幾名「聽眾」貢獻了比例高得出奇的播放次數，你會感覺對方好像是反覆播這首歌，而且從來沒停過。對此 Spotify 會派員去進行人工複查，然後視複查結果看要給哪家發行商或唱片公司打那通尷尬的電話。你可以從 Spotify 還偶爾需要由個人打電話聯絡事情這點，看出音樂串流經濟當時還沒有徹底

網路化。

　　只不過回想二〇一四年，這絕對不是串流音樂的工作流程中唯一一個還需要笨手笨腳人工去操作的環節。我們當時有很多線上的協作工具，而隨著回聲巢被併購成 Spotify 的嶄新波士頓辦公室，我們現在有龐大的工程團隊分散在四座城市裡，但當時產品開發與決策重心仍不脫在斯德哥爾摩的總部，所以在服務於 Spotify 的頭幾年，我大概每三個月就得去瑞典出差一個禮拜。通常在這些行程裡，我會預先排好幾場會議，免得我真的想要面對面溝通的同仁自己也搭上飛機到波士頓或紐約，讓我只能在他們空空如也的斯德哥爾摩辦公室門外乾瞪眼。但我跑這一趟北歐總部的價值，有很大程度就在於能趁著會議之間的空檔，在那裡的走廊上閒晃，或是坐在某個顯眼的地方，讓路過的人可以向我打聲招呼說：「喔，你在這喔，我正好想問你那個……」我就是那個你有事不知道該問誰的時候，可以去問的人，至少如果你的疑問跟音樂資料有關的話，那這句話是成立的。而像這樣被隨機問到各式各樣的問題，對我來說也不無用處，因為我能透過問題去了解公司營運的現狀，有沒有哪裡不對勁，有沒有哪裡怪怪的。

　　像這當中就有這麼一個問題，牽涉到每個藝人對特定城市的整體 Spotify 收聽量佔了多少比例。這個問題的出現，有其商業考量，而那原因事隔多年，我早就已經忘記。不過，那個問題卻屬於我最喜歡的一類問題，主要是（一）很顯然截至問題被問出來

的當下，都還沒有人嘗試過回答該問題；（二）很顯然這個問題的答案會很有趣，但你卻連猜都不知道該從何猜起；（三）這類問題可以供人拿去打造一款讓人欲罷不能的互動式自動更新資料探索器，然後人們便可以透過這種探索器去釐清他們對特定藝人與城市的特定問題，不用每次都得跑來問我。

那趟出差，是在十二月初的時候。冬日的斯德哥爾摩既昏暗又寒冷，且讓人相當陰鬱，所幸在聖誕節的前幾個週，城市裡的家家戶戶便會在窗上掛滿星型吊燈，雪隔著閃亮亮的燈光落了下來，美得像幅畫，再就是鋪石路的廣場上冒出了假日市場，凡此種種都讓這段時間的斯德哥爾摩搖身一變，顯得賞心悅目又舒爽。於是會議間的空檔，我就這樣坐在 Spotify 頂樓自助餐廳的窗邊，一邊看著城市美景，一邊跟人打招呼，回答他們東一個西一個的問題，並順便打造著一款包含藝人、城市、播放次數佔比的探索器。

這個探索器並不特別厲害，但你可以用它去查看某座城市裡的藝人播放次數佔比組成，或是某個藝人的各城市播放次數佔比組成，或是看看兩種播放次數組成的前幾名都是誰。當然啦，你可以在 Spotify 的藝人頁面上看到聽眾的人次統計，然後去查一下城市的人口，最後用除法自己除一下，但這需要花點時間。很多有用的資訊並不是祕密，但就是分散在各處。數學可以把它們拼回去，而把這些數據拼回去是件很酷的事情。你可以一口氣看見有哪些城市是碧昂絲的城市，哪些又是泰勒絲的地盤，或是你也

ⓟ 串流音樂為何能精準推薦「你可能喜歡」

可以把小賈斯汀跟德瑞克拿來比，同時你還可以觀察到這些優勢在不同的地方有多麼穩定或危在旦夕。有時你光是看著藝人的收聽佔比在某地極大，就可以猜到該地是他的家鄉，這一點並不受其絕對數字不大的影響，畢竟藝人的出身可能就是個小地方。事實上我發現對任何一個藝人而言，在大城市裡擁有超過一％的播放次數，都不是件尋常的事情。至於突破兩％，那更是橫掃市場的大咖專輯在發售當週的專利。

不過就在我東嗅嗅西摸摸的過程中，我注意到了某樣事情有點不對勁。

二〇一四年冬天的那一週，美國有一票城市的收聽佔比都是由泰勒絲或碧昂絲的其中一絲稱后，但就是在某個我不點名的寒冷城市裡，碧昂絲被硬生生擠到了第七名，而前六名的藝人我一個都不認識，且第一名在那座城市的收聽佔比竟然達到了不可思議的四％以上。一整座城市裡有超過四％的播放次數盡歸同一人，這不但對任何藝人都難如登天，其不合常理處更是超乎了我在當時所知的極限。但話說回來，我此前也不是沒因為匪夷所思的事情而大開眼界過，所以我強撐著不敢置信的心情，決定至少先調查看看。在查看過這六組藝人在 Spotify 平台上的頁面後，我發現他們都在一模一樣的其他城市裡受到歡迎，而這些城市之間並沒有什麼關聯。這六組藝人還都在作品裡有著毫無特色的背景音樂，怎麼看怎麼像是把公版的錄音拿來重新包裝，而且這些重新包裝的成果還都那麼剛好，都是五十首歌一張專輯。話說就算

是超級豪華版（deluxe edition），一張專輯五十首歌也未免誇張了些。這些歌曲都有著接近相同的播放次數。而等我去查看過後台的數據後，我發現其內含的資料模式更加昭然若揭。我其實寧可自己永遠也不用去做這種調查，因爲這感覺有點反音樂，但將這當成是一種謎團在解，那我又會覺得這件事流露著某種趣味。你終歸能找到辦法將資料模式找出來。而一旦找著了這些模式，你就能用數學將它們消去，直到某個不知不覺的瞬間，劣質資料就會被排開，一切線索就會令人心滿意足地喀噠一聲，卡回到他們該待的曲調裡頭。

窗外的夕陽落下，我本來起身準備回到下榻的 Airbnb。卻又坐下再次開工，因爲十二月的斯德哥爾摩，日落也不過就是兩點半的午後。但越是挖掘越是讓我找到更多模式，這還沒完，當晚在斯德哥爾摩的可愛舊城區裡的一間小巧咖啡店裡，我繼續配著駝鹿肉千層麵挖得不亦樂乎。這個謎團裡沒有活人，有的只是大量機器人，而機器人雖不像人類會來自某個故鄉，但它們仍必須要跑在某地的電腦上。經年累月下來我已經在不知不覺中變成了資料中心界的不動產選址策略專家。Spotify 的帳號或許開設就有，但伺服器可不是免錢的，所以你只要很快算一下，就會發現這種勾當就算你放著它在那不管，它也很難賺到不法收益——雖然我們面對這種詐欺是絕對不會姑息。

想靠音樂串流詐欺賺錢一個最大的問題是，假收聽資料也是資料，而你想把自行製造出的資料加進串流資料空間中而不產生

某些誰都看得到的效應，是很困難的事情。播放次數統計是公開資料。排行榜是公開資料。藝人頁面會顯示追蹤者的人數、聽眾的人數、聽眾所屬城市、粉絲重疊的藝人、藝人被發掘的播放清單。如果在真實的藝人頁面上出現了可疑的垃圾內容，大家都看得出來。要是能取得某個聽眾的登入密碼，那你就可以把你的假聆聽資料混入他的真實資料裡，然後盼著串流系統會辨別不出真假，但你不可能向真人使用者隱瞞這些假收聽資料，而且他們一眼就看得出來。在沒有陰影的地方鬼鬼祟祟是相當困難的。詐騙的產出規模不論是大是小，不規矩的做法總是九成九會被某人看在眼裡。

　　由於我的職責是透過音樂整理的方式，以便更易於發掘。因此我必須四處探尋，每個地方都翻開來看看有沒有值得被發掘的音樂。（劇透：有！）而也因此最終發現串流詐騙總是我，我就這樣不甘不願地參與打假活動，只為了清除我音樂搜尋之路上的障礙。詐騙與打假之間的武器競賽廣見於各領域與媒體間，這點無須多言，但把「武器競賽」用在音樂串流的例子裡，實在是有美化詐騙分子之嫌，畢竟他們大部分的手法都三兩下就被人看穿，要追蹤與反制也不難。已被解除掉殺傷力的詐騙手法會沒出息地苟活著，就像一台壞掉的打地鼠遊戲機，你只需要拿著木槌放在洞的上面，機器地鼠就會乖乖地自己把頭頂出來。簡單過頭了的盜版手法會對盜版者來說，會造成一個附帶的成本，那就是打草驚蛇，讓有關當局提高警覺。我發現了不少這樣的例子，也

發了不少有哏的電子郵件，將這些人的豐功偉業傳遍整個公司，為的是加速建立一支貨真價實、有內部工具可以使用的詐騙預防團隊，不然每次都要等著有公德心的人去發現串流上的搞笑異狀，也蠻累人的。這年頭這種偏門的投資報酬率越來越低，低到我如果哪天想從事不正當的工作，即便我太有資格當這行的反派了，我還是不會選它。

但也沒差啦，反正想要用作弊的方式去動串流音樂權利金的歪腦筋，其在本質上就受限於這產業內部業務運作的各種需求。比方說，串流所使用的音樂不能匿名上傳，這是因為權利金只能付給發行商。想要將播放次數分散到大量歌曲上，首先你得擁有大量的歌曲，但「竊取音樂來假裝在進行串流」這種看似可以便宜行事的做法，是有問題的，因為串流平台業者能夠開門做生意，就必然具備了重覆音檔的辨識能力，導致詐騙只好去散播公版的教堂管風琴音樂或低成本的輕音樂。假播放次數對應的假聽眾也都需要一人一帳號，而這每個帳號只能一次假裝播放一首歌曲。雖然理論上這些假帳號可以在一分鐘內擠進將近兩首歌，但如果你真讓它一過三十秒就切歌，那就等於是不打自招自己是假帳號。你只要逮到一個線頭，作弊的模式就會一拉全散：一個可疑帳號會帶你找到騙子鎖定的目標，而那些目標又能帶你通往其他的機器人。詐騙要划得來，就得做出規模，而規模愈大，不法之徒就愈可能露餡。你只要一想去從這個計畫裡收錢就會顯得非常突兀。這時只要以錢追人，就可以找到你，讓你為自己的行為

付出代價。

　　只不過說起音樂串流的流通貨幣，並不是只有權利金。第一支完整的反詐騙小組總算在 Spotify 內部成立後，我又去斯德哥爾摩出了一週，爲的正是幫助反詐騙小組起步，然後我們就一起花了大半天列了一張清單，上頭全是在未來的串流環境裡，可能會遭到詐騙行爲鎖定的目標。結果我們列著列著，才發現這張清單幾乎囊括了所有要麼已經存在於現實中的串流平台上，要麼正在規劃中的功能與統計數值。只要某種價值存在，你就可以按照人性本惡的思路去推定一定會有人花招盡出，一定會有人想騙到一點是一點。這包括有人會試著買榜；有人會用詐術取信於人，讓人相信他們的歌曲值得被放進招牌更顯眼的播放清單裡；有人會嘗試操弄音樂的發現功能、個人化功能，或是各種資訊的統計數值。等不及或沒有原則的夢想家會嘗試用計謀幫自己圓一個幻想。又或者更有耐心卻更缺乏道德底線的夢想家會爲了快速致富，而把這些不可能實現的幻想賣給那些容易上當的傢伙。

　　然而以上這各種人都會遇上同一個本質性的問題：作弊的唯一價值，就是要比正規的管道便宜（或快速）。但能讓作弊便宜跟快速的每一樣東西，究其定義，就是會爲詐騙行爲吸引到超乎尋常的關注。爲了避免被偵測到，作弊要作得盡可能感覺正常，盡可能感覺符合人性，這包括歌曲要整首播完，不要切歌，要把那些名不見經傳的藝人混雜進主流的品味中，一天串流個幾小時差不多，不要從早到晚沒日沒夜地播。很顯然這是做得到的。所

以說如今在 Spotify 上那數億個帳號中，任何一個都可能是假貨，它們誰都可能是終於通曉了人類如何聆聽串流音樂的機器人。

　　但如果你覺得人就不是問題，那你就還天眞地活在童話故事裡。人造串流是一個眞實存在的問題，但這個問題還沒有大到超過那些認眞鑽漏洞，且實際上來講有遵守規則的人類之陰謀。畢竟你身爲一個眞正在聽音樂的人類，是有權利讓音樂一天播二十四個小時的──你有沒有在聽是另外一個問題。你別說不可能，時不時還眞有人這麼搞。事實上這類人有時會爲了某種目的組織起來，集體光播不聽。而他們的這種行徑在某種意義上，就跟機器人狂播水牛城管風琴[1]音樂的做法一樣，都屬於人工造假的範疇。

　　雖然粉絲和粉絲俱樂部並不是串流時代的專屬現象，但粉絲軍團是它們在網絡上的新型態。跨國粉絲能多到可以組成一支大軍的藝人，並沒有眞的很多，但他們也沒有少到可以永遠通通一起擠在串流排行榜的第一名。青少年流行音樂（teen-pop）團體五佳人（Fifth Harmony）與一世代（One Direction）各自的粉絲群都在不同時期將這個問題視爲了自己責無旁貸的事情，並都爲此發起了足以在串流資料中顯示出統計異象的大型集體循環播放運動，但眞正把這種壯舉做到極致的，其實是後來的「防彈少年團大軍」（BTS A.R.M.Y.），這個粉絲代號指的是防彈少年團這個七人韓流（K-pop）男團在網路上的粉絲側翼。這支粉絲大軍不僅遍佈全球且組織能力強到足以策動大批循環播放活動來應援防彈少

年團的每一首新單曲，而且還理性到懂得要監看多個資料來源來追蹤活動的進度。透過比較歌曲的播放串流次數與歌曲在 Spotify 排行榜上所顯示的數字，他們看出了一些端倪，像是 Spotify 的內部榜單在二〇二一年之前，一直都為了降低循環播放帶來的影響，刻意設定了每名聽眾跟每首歌與每天播放次數的認列上限。

這並不是什麼天大的祕密，甚至於這個上限是十次都差不多算是人盡皆知，但平台那裡也沒有對此大聲嚷嚷就是了，而如此的結果就是防彈少年團被卯起來重播的單曲〈奶油〉（Butter）在發行當週的 Spotify 官方榜上敗給了奧莉維亞（Olivia Rodrigo）的〈祝福你〉（good 4 you），但明明〈奶油〉就創下了串流總數的歷史紀錄。

防彈少年團的粉絲大軍在憤恨之餘，在社群媒體上發起了抗議活動，並很諷刺地指控 Spotify 為了替〈祝福你〉守下勝利而犯規「做掉了」防彈少年團的播放次數，只不過明眼人都看得出 Spotify 作為一家平台業者，並沒有什麼理由要去對特定的粉絲跟更多的串流說不，任何一組藝人的粉絲與串流，對他們都只有好處。

平台與粉絲間這種角力看似無害，畢竟認列上限僅限於排行榜，對權利金的計算並無影響，且防彈少年團與奧莉維亞都把荷

---

① 美國紐約州的水牛城有聖保羅座堂（Saint Paul's Cathedral），當中有一座歷史悠久的管風琴。

包賺飽了。畢竟這 BTS 跟奧莉維亞都坐擁千百萬的粉絲，因此不論有沒有歌迷組團去循環播放，也不管平台選擇哪一種模式進行計算，都不影響他們的權利金收穫滿滿。播放比例制的權利金分配法還意味著另外一件事，那就是防彈少年團粉絲搞的循環播放並不會直接從小藝人那邊拿走錢。事實上，與假設性的使用者中心制相比，防彈少年團在 premium 付費使用者收入的整體分潤上，幾乎沒有受益於播放比例制。人造串流最好做的目標，應該是靠廣告費運作的免費帳號，這有其在系統運作上顯而易見的理由，而這麼做主要的詐騙對象是廣告主，而不是聽眾或藝人。

但不論是機器人還是粉絲大軍，我認為都還是彰顯出了平台本質上的系統性失靈。串流所直接給予回饋的對象不是文化性的，而是機械性的，而這就讓串流變成讓人很好操控也很想操控的目標，並多多少少造成了電能與情緒能量的小規模浪費。但規模有沒有差，有差。對教堂管風琴音樂進行無意義的循環播放，對這個世界毫無助益，但作為一個帶著負能量的事業，至少它耗用的大腦與資源要少於對沖基金跟加密貨幣。甚至往好的講，你可以說那當中的運行機制與所蘊含的文化目標，大體上還是一致的。一名願意獻出 Spotify 帳號來循環播放防彈少年團新歌的粉絲，絕對稱得上是 BTS 的鐵粉，而我想大家應該可以同意我說這種鐵粉的投入，正是在音樂產業裡一種抽象但正確無誤的道德貨幣。

但話說回來，我想一個願意不聽音樂幾個小時，就為讓其帳

號可以供防彈少年團無聲循環的粉絲，其在文化上的價值恐怕還是低於一個把這些時間拿來用在所愛的音樂上，而不是拿來扭曲統計數據的粉絲。亦即我想寧願花費時間在發現新音樂的粉絲，其文化價值還是要高於那些很努力在原地打轉的粉絲。我想我們應該要堅持嚮往的音樂產業經濟體系，應該要是一個經濟動機與文化動機可以真真切切地調和在一起，兩種動機都想讓這世界變得多一點音樂，而少一點人憤怒抗議。

#第 10 章
我們的慣性大曝光

「有機」聆聽與社會平等

　　二〇一九年的某天，瑪汀娜（Martina McBride）正在讚嘆著莎拉・伊凡斯（Sara Evans）那無疑很厲害的一九九七年作品〈三種和弦與眞心誠意〉（*Three Chords and the Truth*），然後便決定要建立一個播放清單。瑪汀娜還決定要將清單建立在 Spotify 上，並爲其命名「鄉村音樂」。

　　麥可布萊德與伊凡斯都是才華洋溢且相當出名的鄉村藝人。她們都是女性。〈三種和弦與眞心誠意〉這首歌講了一個故事，故事裡有名女子駕車離開了她的男人，在廣播中聽到另一名男人的歌之後，而被說服決定給那個男人第二次機會。麥可布萊德最紅的一首歌〈獨立紀念日〉（*Independence Day*）乍聽之下，像是一首緩慢的愛國頌歌般鐘聲悠揚、迴響不絕，但其實那講述的是一個孩子的母親選擇把他們的家付之一炬，也不願意繼續困在婚姻暴

力裡。

　　我是德州長大的孩子。我對鄉村音樂避之唯恐不及，但既然生在德州，你就注定了不管怎麼躲，都不可能全身而退，因為鄉村音樂在德州的那種多，就很像英國搞笑劇團「蒙提巨蟒」（Monty Python）那個草莓塔段子裡的老鼠一樣多：確實，還真不少。[1] 鄉村歌手感覺是男性居多，而他們往往一開口不是卡車，就是泥巴路。偶爾也會有女性出現在卡車上，或在砂石路上，但我感覺那比較像是卡車上需要一些裝飾品，所以才把她們放在了那裡。

　　美國鄉村音樂裡的性別偏見人盡皆知。二〇一九年，一項研究的結論是女性藝人僅佔鄉村電台廣播量的一成左右，而且這麼低的比例，還都集中出現在離峰的時段。基本上在鄉村音樂電台上，就是男人在唱歌給你聽。

　　由此這個無可避免且不令人意外的結果，便是鄉村電台的聽眾大都只認識男性藝人。所以這一批男性鄉村歌手的粉絲，通常也是那一批男性鄉村歌手的粉絲，而就算是女性鄉村歌手的粉絲，大多也認識男性鄉村歌手。總歸一句話，男性可說是代言了鄉村音樂的形象。事實上就統計上而言，頂著「鄉村音樂」名號的播放清單裡最常見的狀態，就是滿滿的男人。這些播放清單是歌迷自發性製作的，而這在串流裡的術語就叫做「有機」的播放清單，但當然人們自製播放清單的內容，受限於他們所知的音樂、以及他們生活中能聽見的音樂。權力與歷史，都具有其自身的慣性。

Spotify 有個立意良善的功能是可以幫助你找到適合放進播放清單裡的歌曲，這樣你就不會徹底侷限於你對歌曲的所知範疇。這個功能位於你播放清單的底部，上頭註明了「推薦」（依據此播放清單中的歌曲推薦）。只要你的播放清單裡有歌，推薦功能裡就會出現與這些歌在別人的播放清單裡同時出現的歌曲。

要是你的播放清單裡還是空的，裡頭連一首歌都還沒有，唯一有的就是個標題，那「推薦」功能就會找出與標題類似的播放清單，然後把裡頭最常見的曲子推薦給你。瑪汀娜因爲設立了一個空蕩蕩的「鄉村音樂」播放清單而被 Spotify 推薦的前十首歌曲，全都是鄉村音樂界赫赫有名的大紅作品，而且通通都是男歌手演唱的。要是一開始獲得的推薦不如你意，你可以點擊「更新」來看看下一組是哪十首歌。瑪汀娜就這麼做了。但新的十首歌依舊全部是男藝人的作品。瑪汀娜開始在心裡數了起來，並又點了一次更新。最終她前一百三十五首被推薦的歌曲，都是男藝人唱的。第一百三十六首歌終於是由當時鄉村音樂界最受歡迎的女歌手凱莉・安德伍（Carrie Underwood）所唱。對此麥可布萊德直言：「我感覺女性的整個性別跟聲音，都被抹去了。」對於這種遭遇，一種合理的反應是氣不過，而瑪汀娜至少第一時間，她氣不過的

---

① 這個段子裡的角色 A 提供了一些甜點選擇，像是老鼠蛋糕、老鼠雪酪、老鼠布丁，還有草莓塔，於是角色 B 選擇了草莓塔，但這時角色 A 卻表示：草莓塔也是老鼠做的！

對象，是 Spotify。

　　這不叫諷刺什麼才叫諷刺。或者說，這既諷刺也可理解，但同時又包含了誤解。諷刺的部分在於 Spotify 的編輯團隊，也就是負責選編播放清單，並試著爲文化扮演專業看管者與培養者的那些人，多年來一直有意識地努力朝播放清單中灌輸一種行動主義式的再平衡，希望能爲在歷史上沒有得到足額代表性的族群與成因出一分力也出一口氣。要說 Spotify 這家公司對鄉村這種音樂類型有什麼意見，那也只是其鄉村編輯團隊的意見，而這支團隊一直積極想做到的，就是讓身處於傳統「男性、白人、異性戀」窠臼以外的藝人可以在串流平台上得到比過往在廣播電台上好一點的待遇。你要是想讓你的文化進到一個更好的境地，最好的辦法就是手把手領著它過去。

　　不過與大多數牽涉到科技公司試圖調解文化的情況相同，那當中都有著比你希望更多的複雜性與比你希望更少的陰謀論，只不過這兩點都不保證能讓任何事變得更好。當時那些想嘗試改善鄉村音樂的編輯與這些特定的歌曲推薦沒有任何瓜葛，不過從那之後確實有人試著在這方面努力。作爲一個沒有特別涉獵這種演算法，同時就算有也不會做得比較好的演算法寫手，我的直覺反應是想要平反那些並沒有蹚這渾水的人類，然後再在解釋演算法的時候提供科技宅男等級的細節。

　　你既不能怪罪也不能爲演算法開脫，因爲演算法又沒有思想或意志。你只能試著了解它們。但 Spotify 的公關部門判定這種抽

象的道德觀，不是他們想要呈現給外界的公司形象。而這也就是為什麼他們負責公關的操作，我負責演算法的編寫。

把演算法拿來解釋，只能在極其狹隘與技術性的層面上讓人感覺好過一點。把「推薦」功能放在播放清單底部的原因，並非打算強化鄉村音樂電台灌輸了人幾十年的權力結構，因為就算我們退一億步，用最寬鬆跟錯得最離譜的那種角度去認為演算法真的有那麼一丁點認知能力，你也不能說它會理解鄉村電台跟權力結構是什麼玩意兒。它不僅不知道藝人的性別，它甚至不知道這些藝人所屬的音樂類別。或者換個說法，它不知道「鄉村音樂」與「特雷門費塔塔」[2]這兩個說法有什麼分類上的差別。它只知道當有些人把「鄉村音樂」這幾個字寫在他們的播放清單頂端時，下面往往會有哪些歌曲。你不能把社會上的偏見與缺陷怪到數學頭上。

但你可以責怪那個操作數學的人。我們試著反映出這個有缺陷的世界，但在這過程中，這個世界的走向也會因我們的反映行為而改變。這個「鄉村音樂」的案例從技術層面來說，其實很單純就是應用了流行性偏誤（popularity bias），而在這種情況下，應用流行性偏誤基本上就是「推薦」功能的初衷與使命。然而統計上的相關性不等於價值宣告，同時也沒有人說那一百三十五首男

---

② Theremin，同名俄國人在一九一九年發明的一種插電樂器，屬於最早期的類比電子樂器。費塔塔（Frittata）是義式烘蛋。

性演唱的鄉村歌曲就比凱莉・安德伍或瑪汀娜或莎拉・伊凡斯的作品要更重要、更與鄉村音樂有文化上的相關性。

或者說，如果不是上頭大大寫著「推薦」兩個字的話，這樣的說法本來是合理的。你不能責怪數學會進行運算，但你可以責怪人類為什麼要一次次把數學算出來的結果賦予情感意義。我們其實可以避免「推薦」這種字眼，改說這些結果是「最常在取這種標題的播放清單中出現的歌曲」，但我們沒有這麼做。我們寫上了「推薦」二字。我們為流行性賦予了價值。我們把現狀封為了聖人。

但有趣的是，就連怪罪演算法與其撰寫者的行為，也只有一半的正當性。因為在協作生成特定播放清單之歌曲推薦的兩個演算法中，只有那個以標題為基礎的演算法如此赤裸地重現出性別偏見那令人難過的慣性。如果瑪汀娜在查看推薦歌曲之前，就直接將〈三種和弦與真心誠意〉與〈獨立紀念日〉加入她的播放清單內，那麼與這兩首歌同時出現的其他歌曲的演算法就會被觸發，瑪汀娜將會看到推薦歌曲裡有五十至七十％的女性鄉村藝人。確實有很多鄉村樂迷恐怕得一路列出到一百三十五名男性藝人後，才會想起凱莉・安德伍，但認識瑪汀娜與莎拉・伊凡斯的是另外一群鄉村歌迷，而這群鄉村歌迷會認識崔夏宜爾伍（Trisha Yearwood）、雪莉萊特（Chely Wright）、瑪麗翠萍卡本特（Mary Chapin Carpenter）、潘・提里斯（Pam Tillis）、蘿拉摩根（Lorrie Morgan）、裘蒂瑪席娜（Jo Dee Messina）、蘇西・波格斯（Suzy Boguss）、莉拉・麥肯（Lila

　　⊙　　串流音樂為何能精準推薦「你可能喜歡」

McCann）、泰芮・克拉克（Terri Clark）、費絲・希爾（Faith Hill）、李安伍麥克（Lee Ann Womack）、佩蒂蘿麗絲（Patty Loveless）、敏蒂麥克蘭蒂（Mindy McCready）、凱西・麥提亞（Kathy Mattea）、天雅塔克（Tanya Tucker）、蜜雪・萊特（Michelle Wright）、羅珊凱許（Rosanne Cash）、雛菊女子（SHeDAISY）、賈德母女二重唱（The Judds）、潔米・歐尼爾（Jamie O'Neal）、蕾芭麥肯泰爾（Reba McEntire）與拉麗・懷特（Lari White），然後才終於點到第一名男藝人（喬治・瓊斯〔George Jones〕，但那也是因為他與前面出場過的佩蒂蘿麗絲合作了一首男女對唱）。鄉村音樂裡的女聲並沒有被抹煞殆盡，她們更像是有卡車開錯砂石路而揚起漫天風沙，才落得短暫蒙塵。

鄉村音樂的體制性缺陷是其自身的問題，但不論在音樂裡或人生中，我們都可以看到很多類似的事情。我們經常是民智僅僅微開的一群。我們會把群體的智慧掛在嘴上，但「智慧」放在這裡往往有用詞不當之嫌。在從資料到資訊到知識到智慧的這個認知進程裡，群眾擁有的往往是知識多於智慧，資訊又都多於知識。

而我們這些操作著演算法的演算法設計師，則坐擁歷史上不曾有人有過的大量資料，但這些資料仍全都來自人類歷史，因此也深埋著人類歷史上的各種趨勢。

性別的不均衡在鄉村音樂裡相當嚴重，但在嘻哈、金屬、古

典、藍調、爵士、喜劇、搖滾、勵志演說、金融與泥水匠的世界裡，也看得到一樣嚴重或更加嚴重的性別失衡。想知道我們是否設計了一種聰明的系統性解藥一次性處理所有現存的偏見，而不是只去聽一次不同的聲音然後只解決了「鄉村音樂」問題，那我建議你去 Spotify 開一個空白的播放清單，標題換掉「鄉村音樂」，另外從三百六十五行裡那多到讓人搖頭的男性領域裡挑一個寫上去，看看會如何。流行性不僅會強化現狀，它往往還會像記者一樣讓你看到現狀。

再有一點是，用運算的方式設法矯正部分族群代表性不足的歷史遺緒，這樣做的意義是什麼，我們其實還不是很確定。我們隨隨便便就可以花一個月組出一個美國鄉村音樂的新版政治正確典範，但加拿大也有加拿大版的鄉村音樂與歷史與各種偏見，所以那又得花我們一個月。我們確定要這樣按音樂類型，甚至按連類型都不是的每個字句跟概念，逐一這樣搞下去嗎？誰知道呢，說不定有天我們真的會這麼做。畢竟這究其本質也不算是個多瘋狂的想法。甚至在某種程度上，那正是歷史的前瞻性定義：用漸進的手段去消除無知與特權等種種狼狽為奸的惡。

但那是人類的工作。我們不能期待靠著電腦運算去創造出一個包容、歸屬、愛與敬畏的社會。我們必須靠自己的雙腳走過去。

只不過那並不代表我們不能使用一些輔助工具。我們首先可以去了解到我們的偏見、我們的行事衝動，還有我們所使用的工具，這三者並不是某種悖天逆神的邪惡聯盟，裡頭盡是各種沆

瀣一氣、無可救藥的東西。這三種東西就是我們的一部分，我們就是透過肌腱與電路的連結，由這些東西構成。我們不需要鉅細靡遺地把各種特權寫成程式碼，才能看出路克・布萊恩（Luke Bryan）與傑森・阿爾丁（Jason Aldean）與德克斯班特利（Dierks Bentley），乃至於大部分那一百三十五名瑪汀娜在凱莉之前被推薦的男藝人，都是受同一批歌迷追捧的一群藝人。若純論資料，我們甚至不用知道路克、傑森、迪爾克斯是三名男性藝人，就像他們有很大比重的歌迷也是男生。我們只需要知道認識這一百三十五人中某些藝人的聽眾，往往也會同時認識那當中其他的一些藝人；我們只需要知道那些認識瑪汀娜與莎拉的聽眾，往往是有著不同愛好與聽歌習慣的另外一個群體。經典鄉村、當代鄉村與叛道鄉村音樂都各自有其獨特的歌迷群。加拿大有加拿大的鄉村音樂場景，澳洲有澳洲的鄉村音樂場景，甚至在歐洲也有捷克版的鄉村音樂場景，至於在美國聽多了鄉村音樂，你還可以進階去聽哥德式美國傳統民謠、黑人版亞美利加、挪威風亞美利加等延伸曲風，再來「瑟塔內茹」（Sertanejo）基本上就是巴西版的鄉村音樂。與其光看誰受歡迎就默不作聲地把「鄉村音樂」的頭銜私相授受給上述某種風格，能試著不帶前提地去了解這些多元性，然後再用這種多元性去造福聽眾，至少會是一個好的開頭。「推薦」這個說法不只是措辭有問題，而是觀念就有問題。我們不能想說靠換一批人專寵來矯正歷史上所有族群代表性不足的弊病，我們必須一開始就打破專寵某族群的常規。

這聽來或許有點開倒車。但要是讓我們的鄉村音樂裡充斥著男性霸權的，原本就是那些「有機」聆聽的文化慣性呢？果真如此，我們又怎麼能如此放心地相信人，如何去主張該把更多的決定權交給他們？說不定他們多做多錯呢。難道我們不應該直接告訴他們該喜歡什麼東西嗎？

但事情不是這樣做的。愛是一種自發性而不是聽命行事的行為。這並不是說比起自身的專業，我們更信得過群眾的智慧，而是說我們相信人性會自然而然去找到更好的做法。在此同時，我們會踩著小小的步伐一點一點減少不平等，讓每個人都有更平等的機會。不幸的事情愈少，不幸就愈不容易累積。針對那些被忽視的聲音，解決的方法不該是跟這些聲音吵說它們究竟有沒有被忽視，而是要意識到當聽到一個聲音說它覺得自己被抹煞了，就表示一定還有其他聲音遭遇相同的狀況。重點是我們要想一口氣聽見所有的聲音。

#第 11 章
弛放音樂[1]是新的罐頭音樂

背景與前景聲音的邊界線

　　音樂被用作背景來襯托氣氛，並不是什麼新鮮的概念。我們在搭電梯時會聽到被叫做 Muzak 的罐頭音樂。我們在旅行時會聽到《機場音樂》[3]。

---

① 「弛放音樂」一詞，以前是專門指稱「chill out」這類在夜店播完一波高能量的舞曲後、讓人舒緩放鬆的電子音樂。然而晚近「chill」一詞指的是任何讓人放鬆的音樂，已經不再侷限於電子音樂。Spotify 逕行將「chill」也譯作「弛放」，實是改寫了這個詞的歷史定義。

② Muzak 一詞源自於一間成立於一九三四年的知名背景音樂品牌，以在公共場所播放輕音樂聞名。這個品牌名稱後來成了代名詞，泛指那些在公共場所播放的背景音樂。其特色是將流行歌曲和古典樂改編成簡單的器樂版本，以柔和的弦樂演奏。

③ *Music for Airports*，英國音樂人布萊恩・伊諾（Brian Eno）在一九七八年受科隆機場啟發創作的環境音樂專輯。他認為像機場這樣的「中繼站」需要能安撫而非擾動情緒的音樂。作品採用高低頻分布設計，以合成器和錄音帶技術重組鋼琴和人聲，創造空靈聲響。這張專輯開創了「環境音樂」（Ambient）的概念，提供了一種「可以忽視的音樂」的新思維。

其實，在前網路時代，我們大多在搭電梯時都不會有音樂陪伴，因為實體傳輸音樂的成本相當高。當年搭電梯，基本上算是相對安靜，除非你算進蒸汽引擎把我們從泥巴地拉到二樓時發出的喘息聲，或是電梯操作員之間的窸窣爭吵聲，或是髮粉從他們的假髮上掉落時的輕微震動聲。布萊恩・伊諾（Brian Eno）的氛圍音樂是一種概念上的創新，背景音樂成了前景的音樂聆賞，其藝術價值遠大於實用功能。

但電梯音樂的概念要比音樂本身更加無所不在，也許是因為「電梯」音樂所附帶的幽閉性要比「情境」音樂或「行為」音樂更有記憶點。總之，作為一名聽眾你多半不會自行收藏任何罐頭音樂。你可能會有一張伊諾的專輯，或是路瑞德（Lou Reed）的反氛圍經典《金屬機器音樂》（*Metal Machine Music*），或是某些藝術性噪音的合輯。你可能會買過一張 CD 裡是舒緩的雨林聲音，但你多半不會沒事再去買第二張。你可能會在臥房裡擺一台晚上用的電風扇，一方面用來吹，一方面讓它發出的聲響掩蓋其他噪音。

在串流問世之前，由於既存的三項限制，專門製作的背景音樂大多僅限於商業用途。其中最顯而易見的就是實際載體限制。管你什麼音樂，一張 CD 都只能容納七十四分鐘的內容。在上世紀九〇年代，我家裡有過一台五片 CD 裝的自動換片音響，另外我車裡還有一個六片裝的 CD 匣，但在不同 CD 隨機切換時，會出現一大段明顯的靜默。若你追求的是長而無縫的背景循環播

　　　　▷　串流音樂為何能精準推薦「你可能喜歡」

放，就得求助於專用的硬體。

第二項限制是發行。像這種沒有特定客群的背景音樂如果以跟「正常」音樂產品無異的方式包裝販售，那他就會得與一般的音樂專輯競爭零售空間與消費者預算。就姑且當作你會買另一張內容不同的雨林噪音 CD 好了。也許在某些日子裡，你的生產力能夠提升得歸功於巨嘴鳥彎腳降落在絞殺榕之間的次數變少，或是要感謝毒箭蛙打嗝的力道變得和緩。但第二張雨林專輯為你生活中帶來的邊際價值肯定比不上一張愛黛兒（Adele）的全新專輯，即便這些愛黛兒新歌的情感調性與前作大同小異。所以最終你多半會選擇多聽點愛黛兒而不是箭蛙。

第三項限制是生產的基礎建設。背景音樂的委託生產與授權生態系本身就具有工業色彩，在當中打滾的企業都很習於跟其他企業打交道。我們從衛生紙在 COVID 疫情初期開始在各店家斷貨的時候，就體驗到了這種供應鏈方面的差異。衛生紙作為一種物質，完全不至於供不應求，但有太多的衛生紙捲在商用的捲筒上，然後被堆在那些只供貨給餐廳或商辦的衛生紙廠商倉庫內。罐頭音樂與衛生紙：兩者的共通點真的太多了。

串流夷平了這種種障礙。容量不再是個問題，因為播放清單就像是一張等同有無限儲存量的 CD。邊際變化也不再是個問題，因為購物這個步驟被移出了付款流程，而這就意味著再多的變化性也基本上不會造成邊際成本的提升。而 B2B（企業對企業）授權的商業模式也不再是個問題，因為串流業者給了工業化的廠

商一個觸及消費者的平台，如此他們就不用煩惱怎麼讓自己變身成一間消費性的企業。

　　至於這算是個好消息還是壞消息，都很複雜難定的。

　　往壞處想，串流讓罐頭音樂與其更為險惡的雜牌親戚像現代瘟疫般得以脫逃到野外。只要花夠多的時間去為了這件事焦慮，你搞不好就能說服自己去害怕起來，你會怕說難道串流的本性就是更喜歡這種既無特色也非原創的音樂？你會害怕在等著我們的，會不會是一個由人工智慧生成的聲學代餐[4]成為唯一合法音訊的未來？頂多再加上漫談的 podcast 節目聊真實犯罪或曲棍球。

　　這種事情並不會發生，即使再怎麼普及，普通的音樂也不會因此變得比較不普通。聽眾不會想看著音樂變成毫無辨識度的爛泥，音樂經濟裡的其他成員也不會坐視事情走到那步田地。藝人不會想去做那種聽不出來誰是誰的歌，唱片公司沒辦法以引不起注意的噪音為中心操作出一種注意力經濟，串流業者無法說服你掏出更多錢買更複雜的搭售訂閱方案，如果那搭售所追加的，不過是再一桶不冷不熱的爵士樂。

　　但我們或可放下自己的被害妄想，稍微去想像一下，串流至少可以拿著現有那些像是環境噪音、仿古典音樂或輕古典音樂的背景音訊，把它們被人為限制的潛能給發揮出來。我不覺得我們應該覺得這是一件壞事。背景音樂就像是一種帶有質感的寂靜。約翰・凱吉（John Cage）會告訴我們說寂靜本身就自備有質地，

但你多半未曾擁有過凱吉的寂靜作品〈四分三十三秒〉[5]，所以你現在可以先去串流平台上聽聽看。概念性氛圍音樂、雨林噪音、鯨魚唱歌、羽毛般輕柔的帕海貝爾[6]〈卡農〉等的黃金年代，已經來到我們面前，而日本作曲家暨吉他演奏家青山ミチル（Michiru Aoyama）或許正是這個時代所催生出的第一個大師級人物，畢竟他已經完善了一種做法，讓他能每天製作出一張全新、收錄迷人但不擾人的氛圍音樂的短專輯，也就是每天更新的聲音背景。抑或青山也可能成為這個時代的最後一名大師，而這種氛圍音樂可以無止盡誕生的概念，也許很快就會被由演算法壓製出的生成式功能音樂所取代。不論結果是哪一個，伊諾的先見之明已經非常明顯：如今所有的公共空間都變得像機場，裡頭充滿了渴望微微

---

④ Soylent 是一種代餐飲料，被宣傳為「主食餐」，有液體和粉末兩種形式。其發明人聲稱 Soylent 能夠滿足一般成年人所有的營養需求。

⑤ 4′33″，美國前衛作曲家約翰・凱吉首演於一九五二年的著名作品，共分三個樂章，時長分別為三十秒、兩分二十三秒、一分四十秒。這首奇葩作品的樂譜顯示演奏者可以選用任何樂器（最常用的是鋼琴），但他或她從頭到尾都不需要彈出任何一個音——因此常被稱為「四分半鐘的寂靜」——反倒會在所謂的樂章之間做出各種開闔琴蓋、擦汗的動作，而在「演奏」這首樂曲期間聽眾聽見的各種聲響，都可以被視為是音樂的組成部分，由此〈四分三十三秒〉一曲具有機遇音樂的特性，亦即在環境與觀眾行為的影響下，每次演奏產生的聲音都會有所不同。

⑥ 約翰・帕海貝爾（Johann Pachelbel），德國巴洛克時期作曲家，代表作是〈D大調卡農〉，又稱〈帕海貝爾的卡農〉，其中卡農是一種曲式，字面意義是「輪唱」。

震動的空氣。

如果科技所做的就只是移轉現有體制之間的權力，那事情原本就會是這樣。但當然實際情況永遠都會更複雜一些。就算你擁有一張雨林噪音的 CD，你也多半不會也擁有一張箱型電扇嗡嗡轉動聲的專輯。那些實際直接錄下來的背景噪音，基本上在串流時代之前並不是一種消費性商品，它甚至在任何形式中幾乎都不存在。白噪音的生成器在當時確實有某種市場，主要是有人會將之買來放在治療師辦公室外面的走廊上，但這些機器的聲音是自己發出來的。串流提供的是一個商業市場，讓這些噪音能觸及人耳，而噪音製造者對此趨之若鶩。

這種故意排除音樂性的串流背景噪音所導致的天下大亂，開創出了一片平靜的狂野邊境。為了爭奪箱型電扇噪音在搜尋結果上的霸主地位，搜尋引擎優化（SEO）之戰殘酷開打，但明明你基本上並無能力去製造「更好的」箱型電扇噪音，或者該說正因為你做不出有區隔性的噪音，所以廝殺才會如此殘酷。這場戰爭的第一波短兵相接，聚焦在消費者可能搜尋的關鍵字：「電扇噪音」、「海洋聲」、「波浪」。但此一戰局很快就擴大到你可能的搜尋原因：「助眠用的電扇噪音」、「冥想用的海洋聲」、「專心唸書用的波浪聲」。從這些基本型的應用，衍生出了廠商臆測出的各種潛在需求：「堅定志向用的震動頻率」、「用來安撫小寶寶的靜謐暴雨聲」、「學習中文用的潛意識強化工具」。

冰雪聰明的發行商隨即意識到為了最大化串流營收，他們可

以把一個小時白噪音波動切成一百二十首每首三十秒的歌曲（畢竟權利金是按歌曲的播放次數算，而不是按播放時長一分鐘一分鐘算）。噪音的製作方則接續意識到他們也可以把自己的噪音專輯重新包裝成播放清單，因為當中的歌名與簡介會讓他們更容易被搜尋鎖定。這團亂象說多怪有多怪。

但除非你也屬於唯利是圖，想靠這種不知道聽了什麼的產品撈一筆的那一群，否則這團亂象影響不到你。你拿著純粹的背景噪音，能做的事情就是那些。但正如串流會對從前不會有人掏錢買的普通噪音施加魔法，讓這種東西的市場變大，串流也多多少少創造出了一個消費性市場給可以當背景噪音用的幾乎毫無特色的音樂。Spotify 已經成為了這種趨勢的半個代名詞，主要是 Spotify 的背景音樂播放清單實在太流行，包括其中最臭名昭著的「祥和鋼琴」（Peaceful Piano），你可以想像那是一張源源不斷地播放舒緩而漫無目的的朦朧鋼琴音樂。

祥和鋼琴原來的設計藍本，是聽起來恰好特別祥和的現成鋼琴音樂，但這玩意很快地就衍生出一種小型的地下經濟，裡頭滿是使用假名的濫竽充數之物，那要麼是有心人將之做出來放在那邊，要麼是一股腦跑出來的模仿旋風。Spotify 遭指控自行製作了一些這樣的音樂，為的是逃避支付權利金。Spotify 是沒有做這種事情啦，但這只不過是在法律上站得住腳而已。實務上這些被包裝得光鮮亮麗來行銷的背景音播放清單，只是創造了條件來讓更多光鮮亮

麗的噪音爛泥存在。而雖然這可能零零星星造福了少數幸運的幾個藝人，但被動聆聽那些以無明顯特色為審美的音樂，其效應頂多就跟中了樂透小獎差不多。在此同時，那些假名還引發了我們去思考其他問題。那些假名的背後是否真有其人？那些假名背後是否都是同一批人？人工智慧帶來的末日是否即將由此而起？

這些問題很快就變得無關緊要了，主要是背景音樂產業經過擴展，已經不再是幾張臨時起意的 Spotify 播放清單，而是整片一望無盡、處處開花的領域，當中有數以千計認真到以真（藝）名示人的藝人在努力要靠祥和鋼琴作品闖出名堂。同時在別的地方，同樣志向遠大的一波波氛圍吉他、晚餐爵士、把流行歌曲改編成適合嬰兒聆聽的音樂盒，或是顯然是做來安撫寵物，讓牠們在你上班的時候不那麼焦慮的音樂，也都冒出了頭來。這些按情境重新包裝出來、毫無威脅性的音樂，如今已輕鬆超越背景噪音的數量了。不論你今天要做什麼，都會有人願意為此量身打造情境配樂。

這是壞事嗎？有些特定的音樂或許是，但那是在任何一種音樂類型裡都有的狀況。也有一些靈感夠真切、製作夠專業的音樂，其目的擺明就是要調整人的情緒。這也是另外一種你可能沒有 CD 可以達到的音樂用途。事實上就算你認真為了這個用途去購物，想買到合用的產品恐怕也不是那麼容易。這就是功能性的音樂，而在某種意義上，功能性音樂就是站在藝術性音樂的對立面，但那對功能性音樂也不見得是扣分的事情。在你想來點背景音樂的時候，現還

　⏵　串流音樂為何能精準推薦「你可能喜歡」

有功能性音樂可供參考，從前就只有安靜可以選。

　　一般而言令人振奮的是，當我們想像中的反烏托邦真的來臨時，在虛實的邊界上總會發生些有趣的事情。在這裡，指的就是前景和背景之間那模糊的界線。伊諾早就點出，這種區別不僅僅與空間有關，還與我們自己的注意力有關。即使是在背景鋼琴音樂裡，那種匿名感引發的不信任也能激發好奇心。有些來自無名之地的音樂非常不錯，人們也想知道那裡是否還有更多這樣的音樂。這些假名吸引了許多粉絲，有時候愛能讓想像變成現實。

　　而就在白噪音與祥和鋼琴與背景爵士被商品化的同時，至少四種新的音樂類型也應運而生。

　　其中在邊界上站得最理直氣壯的一類，就是低傳真節拍（lo-fi beats）這種背景音樂與嘻哈伴奏音軌所雜交出來且往往是無人聲的音樂。那聽起來可能模模糊糊，像是某種情調音樂（或云輕音樂），但只要把歌詞加上去，你就可以得到弛放嘻哈[7]，而一種音樂既然能對你說點什麼，那就肯定一定屬於前景，是吧？（只不過話說回來，現在還有所謂的 ASMR[8]，讓言談本身除了訊息的傳遞更多了聲響帶來的感官體驗。）

---

⑦ chillhop，又名低傳真嘻哈（lo-fi hip-hop）為弛放音樂與嘻哈音樂綜合體。
⑧ 自發性知覺高潮反應，又稱腦內性高潮，是據說某些聲音可以在腦中製造出高潮感受的說法，然而目前並無科學上的佐證，實務上會有很多人用氣音說話來製造這種效果。

在能量光譜上與低傳真節拍遙遙相對，處於另外一個極端的是「史詩核」（epicore）。這個我自己編出來的名字，指的是那種聽起來好像可以跟煞有介事的電影預告片搭配得很好（但其實並不行）的誇張音樂。在串流出現之前，電影預告片（以及電影原聲帶，雖然怪的是原聲帶使用程度低了些）是這類音樂的唯一媒介，但串流已經開啟了一個蓬勃產業，適用的搭配對象包括高強度的運動、虛擬強度很高的電玩遊戲，或是任何一種不是預告片但想要營造懸疑電影感的短影片。這雖然算是背景音樂，但可以把它想像成叛軍的星際飛船從爆炸的行星驚險逃脫時背後的那顆熊熊火球。

而就在罐頭音樂透過將流行歌曲化作環境音樂而成為一門產業之際，各種量產音樂的廠商也不落人後，開始把你所知的各種音樂都做出搖籃曲版與音樂盒版的同時，歌曲改編產業也已經開枝散葉，變成為數眾多的歌曲改編產業群，當中每個分支都不知節制地擴張著：以電子流行舞曲為本改編成含蓄的不插電；將原來不是為了換上運動緊身衣褲而作的曲子改編成固定節拍的健身用混音組曲；將浪漫民謠詮釋成明亮刺耳的晶片音樂[9]；把任何原本沒有在嘶吼的都改編成嘶吼的金屬音樂版本。在這個背景音樂的微黃金年代，也同時是歌曲重新詮釋與替換背景音樂的繁榮時期，要比有什麼東西最符合前景的定義，那肯定是某首你耳熟能詳的歌曲有了新版本，而這些新版本接受了你對原歌曲的喜愛作為背景，然後讓你看見在那小而無限的空間裡，還可以容納多

少種不同的愛。

　　這種種新式罐頭音樂之所以不能成爲電梯音樂，其關鍵並不在於它們不是音樂，在於串流平台不是電梯。你並沒有被關在裡面，不是非聽這些東西不可。就算是最不友善的免費方案，儘管有隨機播放規則與有限的跳過次數，也都只讓你聽歌變得不方便。但你有無窮的力量智勝這些限制，因爲這世界上沒有你想聽得不到的。

---

⑨ chiptune，又稱作 8bit 音樂，一種電子音樂形式，形成於 1980 年代。

＃第 12 章
天長地久的經營

專輯的生與死

現在回想起來，我意識到當時我正處於對專輯抱有優越感的巔峰時期，但在當下我只覺得自己是對專輯這種藝術形式稍微比較看重罷了。我會刻意抗拒單曲，但還是會買，因為作為一個有強迫症的完美主義者，我完全無法抵擋 B 面單曲的神祕吸引力，而我對於先行的 A 面單曲基本上不會太認真聽，因為我想要之後從「眞正」的專輯概念中好好感受。

而某些專輯內收錄的歌曲會在專輯發行後才以單曲形式發行，我眞心無法理解。

唱片產業曾很精明地把其最有賺頭的產品形式，像是較早的黑膠與後來的 CD，連結到最具份量的創意單位，也就是正規專輯。黑膠暨 CD 時代與專輯時代，因此有過重疊也有過交纏。

實體媒介具有質量，因此在流通、使用上會牽涉到物理上的

阻力。實體專輯的發行需要很多東西：留給壓片廠的前置時間、藝術指導、排版、印刷、由卡車把一箱箱東西從 A 地方運到 B 地方、人工用雙手把東西搬到商店架上、消費者移駕到店頭、停好車、回家拆包裝，外加零件會轉得你頭暈的播放機器。專輯的藝術內容，同樣地，也需要概念發想、作曲、幕後工作人員、演出、錄音、製作及曲目排序等重要組成之間相輔相成。而對於藝人和唱片公司來說，這兩方面累積付出的心力強烈意味著整個專輯發行過程存在另一系列的工作，雖然實際上並不是非做不可；專輯發行後，藝人與唱片公司要花時間去巡迴、去打歌、去讓藝人與專輯產生連結、去提名專輯參加獎項的競逐，或是以其他手段去強化專輯的分量感，包括靜候一段時間──但絕對不等過頭──再發行下一張新專輯，這是因為昂貴的東西需要給人一種認真嚴肅的形象，而要讓東西看起來認真嚴肅，並不簡單。把音樂當成一門生意看待，向來都意味著要持續與粉絲有所互動，這是因為粉絲的取得成本也很貴，貴到不容許藝人與唱片公司去冒失去他們的風險。理想的粉絲精神是「那張專輯我聽到爛」，而這話很巧妙地暗示了即使再持續的互動也有盡頭。專輯時代的存在也催生出了專輯評論時代的到來，而音樂評論毫無疑問，就是以專輯為單位，能躋身年度最佳專輯名單，可說是具有指標意義的成就，而被稱為某人的荒島唱片[1]更是至高無上的榮耀。收單曲就像在古董收藏界隨興收小東西一樣。真正稱得上音樂收藏品的，絕對還是專輯。

　　以上所說的一切，都不曾在我身為小孩──或大人──的上

世紀七〇、八〇、九〇年代，讓我感覺到有什麼不尋常或不自然之處。我確實知道音樂「專輯」原本只是個別的七十八轉唱片[2]被捆成一組，所以曾經有段時間，音樂專輯與相片輯這兩種東西，在英文裡都是用 album 來表達「輯」的含義，但都已經只是歷史趣聞罷了。「音樂」曾經就等於專輯，專輯就等於全長四十分鐘左右的音樂。如同一九六七年次的我以人類的身分，在音樂裡體驗到的大部分事情一樣，我理所當然地認為是披頭四發明了專輯的概念，這雖然不是事實，但我會這樣想還蠻合情合理的。只不過對我個人而言，這種概念終於在匆促合唱團（Rush）發行《2112》、《揮別王者》（ A Farewell to Kings ）、《半球》（ Hemispheres ）這三專輯的前後達到最完美的境界，主要是這三張專輯都展現了兩項最能代表專輯的特色，一是長達唱片一整面的多段組曲，二是唱片的對開式封套。

---

① Desert Island Discs，指即使流落到荒島上時也要帶上的唱片。

② 又名蟲膠唱片（材質用上了東南亞與印度一帶的胭脂蟲）或 SP 唱片，主要是其代表了圓盤唱片中最早的標準轉速（Standard Play）。風行於一八九〇到一九五〇年間的蟲膠唱片質地偏硬脆而易碎，正反面各一首，相對之下從一九四〇年代之後慢慢取代之的黑膠唱片是以聚氯乙烯為材料，就沒那麼容易損壞。黑膠唱片的轉速分為每分鐘三十三又三分之一轉跟四十五轉兩類，所以黑膠唱片又名三十三轉唱片、四十五轉唱片。另外由於在同樣面積下，其可錄製的時間會長於蟲膠唱片，所以黑膠唱片又稱 LP 唱片，即 Long Play 的縮寫。另外 A 面、B 面的概念也是源自於黑膠唱片的正反兩面，後來也沿用到錄音帶。

專輯觀念滲透音樂的程度有多深，可以明顯從一點看出來，那就是有很長一段時間，就連音樂界的叛逆陣營也大多使用專輯來表達自身的理念。龐克音樂挑選了沉重而冗長的前衛搖滾史詩作品來作為他們在音樂上的假想敵，但性手槍樂團（Sex Pistols）還是在自我毀滅之前做出了（他們僅有的）一張專輯，另外衝擊（Clash）的第三張專輯是雙黑膠唱片，第四張專輯是三黑膠唱片。在藝術上自我內省的反叛中，路瑞德那張據說讓人聽不下去，但內容十分豐富的《金屬機器音樂》（*Metal Machine Music*）是張雙黑膠唱片專輯；蘿瑞・安德森（Laurie Anderson）那張神祕難求的《美國現場演出》（*United States Live*）由五張黑膠唱片組成（現在你在串流上隨隨便便就能聽到）；布萊恩・伊諾的《機場音樂》固然翻轉了整個聆聽注意力的概念，但你可以扎扎實實地感受到這就是一張雙黑膠專輯，扎實到就連個別曲子的名稱（1/1、2/1、1/2 和 2/2）都將分面的概念永久嵌入其作品的本質中。在專輯年代期間，偶爾會有單曲郵購俱樂部戲劇性的挑戰專輯體制，而其中最具代表性的是英國的小清新——莎拉唱片（Sarah Records），他們打算發行一百張編號單曲後就此解散，整個計畫從一九八七持續進行到一九九五年，雖然在這期間他們還是有用同樣一批單曲發過好幾張合輯，並分別發行了一系列數量少於一百張計畫的十吋與十二吋黑膠唱片。

當然啦，發行在黑膠暨 CD 時代的大部分專輯都沒有這麼愛

在專輯的藝術性上做文章。它們大都沒有對開式封套,且大部分也不屬於「概念專輯」。非概念專輯並沒有一個專有名詞,而這也恰恰說明了非概念專輯在專輯時代是常態。多數的熱門專輯只不過是出於商業考量而把一群熱門歌曲送作堆的結果,或者說得更精確一點,這不過是將熱門與不熱門的歌曲湊起來的精心計畫,我們自然可以明白專輯買家不想(為了取得歌曲而)被強迫買專輯的心情。而回過頭來看,這種反感就是在這種環境中慢慢累積起來的,也進而導致專輯被 Napster 非法拆分,乃至後來在 Apple 的 iTunes Store 以正規的方式拆分。

這種專輯拆分的做法,剛開始看起來似乎是商業發展多過於藝術演化。又或許,這甚至於是一種基於商業考量的反專輯操作,結果是強化了專輯的文化前提,主要是這種操作拐彎抹角地暗示著聽眾會想要拆分的專輯,都是在濫竽充數,都是為了利益而把暢銷曲與湊數用的歌曲硬綁在一起。

但是所謂「湊數用的歌曲」,往往可能只是你對自己還沒聽過的歌曲的一個憤世嫉俗的標籤。隨著專輯開始拆分,音樂評論也一起走上了分夥之路,而這就導致音樂評論界出現了一場隱晦的內戰。內戰的兩造一邊是流行主義(poptimism),這指的是一種活力十足且對未來態度正向,願意在讚揚流行歌曲之餘也對其好好審視的做法,至於另外一邊則是流行主義的假想敵搖滾主義(rockism),其代表的是所有老派、笨重,以吃力的態度嚴肅面對藝術的觀念、行之有年的典型準則,以及認為真實性等同獨立

性，且最重要的是堅持專輯的完整性。我們會忍不住覺得如果人類還在爲了某事相持不下，那麼事情就可能朝任何一邊發展。

但時間不會倒帶。音樂絕對不會從 CD 退回到黑膠，更不會從串流退回到實際載體；象徵性的迷戀黑膠並不算是反例。專輯的時代早已結束了。以流行歌曲爲題的寫作，原來當憂而不當喜，原來那只是預示了大部分關於音樂的寫作，都變成了把音樂人當成名人書寫。

畢竟海平面上升的確是把亞特蘭提斯又淹得更深了，所以要把專輯的消逝怪罪到串流頭上也不算太錯。但眞正的文化指控，是音樂產業從以專輯爲中心的行銷轉向以播放清單爲中心的行銷，這助長了一種被動或注意力偏短的聆聽模式，而這種聆聽模式又破壞了藝人以專輯爲中心的創意發想。值得注意的是，這種對串流的批判，以及對串流排行榜讓全專輯中所有歌曲淹沒整個排行的批評，兩者竟然能夠和平共處。這似乎說明了什麼。哀怨專輯之死的同一群人並不會因爲看到排行榜的前二十名一口氣湧入泰勒絲的十八首流行歌曲就歡天喜地，只不過那確實讓「濫竽充數」的說法顯得有些空洞。強調專輯整體創作的樂團可能會勉強犧牲一首歌作爲單曲，這樣至少不會在播放清單上缺席，但你若以整張專輯爲標準衡量只聽其中一首歌的狀況，那就像一杯水總少了十二分之十一。

但話說回來，想要做專輯的人還是繼續在做，想要聽專輯的人也還是繼續在聽。要說串流規則最明顯的影響，大概就是

Spotify 認定一首歌必須是新的音訊才有資格被納入演算法下個人化的「新歌雷達」（Release Radar）新歌播放清單，而音樂界從現有專輯挑出單曲發行的老把戲基本上不再奏效了。畢竟大家都已經可以從專輯中播放那首歌曲。於是乎，一個應運而生的新招就是把專輯裡的歌曲加上新的混音或額外的嘉賓來重新發行。這麼做的另外一個好處就是在日後發行豪華版專輯的時候，裡頭就會有這些加送的歌曲。不過要說真正因應串流時代而做出的變革便是「瀑布式發行」（waterfall release），這代表「同一個」邏輯的整張專輯或音樂專案發行時，一開始裡面只會有一首歌，接著每週釋出一首新歌，直到完成所有曲目為止。按照這種做法，所有的歌曲都是單曲，也都不是單曲。

這基本上就是把聽專輯的過程拉長。而這種方式在製造與配送速度都相當緩慢的前串流時代是做不到的，甚至連向廣播電台推薦這過程相對快的也一樣。在專輯時代的鼎盛時期，「專輯搖滾」（album rock）是其對應廣播的專用格式，而專輯搖滾電台在宣傳專輯時，大多只播放預先指定的單曲。同樣作為宣傳用的格式，播放清單不過就是有跳過按鈕的廣播電台，而這跳過鈕降低了節目編排專員嚴格控制播放內容的能力，然而這也或許有點諷刺地提升了他們的觸及範圍。廣播只能以線性的、連續的時間去宣傳音樂。播放清單能提供的音樂多過聽眾聆聽的時間，因為他們知道聽眾自己會跳著聽過去。

但聽眾也可以這麼一跳一跳，跳出播放清單的範疇。比起可

以跳到下一首的按鈕，廣播電台更加欠缺的是各種連結。你沒辦法在聽某首歌的時候，按下專輯名稱。在前數位的黑暗時代，聽廣播是沒有螢幕可看的。你聽到一首歌覺得喜歡，唯一的辦法就是耐心等待歌曲播畢，然後會有一個大活人不急著播下一首歌，而是願意停下來用人話告訴你剛剛那首是什麼歌，並且提供你足夠的細節，好讓你可以跨上單車趕到家裡附近的聲音倉庫唱片行（Sound Warehouse），然後祈求他們架上有貨且正在特價。

從我家到附近的聲音倉庫唱片行會途經一條公路，而為了穿越那條公路我必須走過一座橋。在串流平台上，藝人與專輯名稱上的超連結已經基本到我們幾乎不再將之當作一個特色來討論，但就是這麼基本的功能讓個別歌曲來宣傳整張專輯變得極為容易。重點是在播放清單大行其道的此刻，那首作為契機的歌曲根本不用是唱片公司精挑細選的主打歌，而是任何一首歌曲都行。即便如此，這不是非得要二選一，因為唱片公司現在可以參考現有歌迷在平台上聽專輯的串流資料去判斷要使用（包括混音或重編）哪一首歌曲作為下一首單曲，藉此觸及新的歌迷。

而雖然我已經入坑播放清單入得很徹底，就像我曾經看不起專輯以外的任何東西，但我對於那些固執地要用專輯形式製作的音樂，還是沒有忘情，也因此我對於專輯這東西到底死透了沒有，心裡還是存疑。

我認為這問題的答案是：沒有死得很徹底。你可以從 Spotify 或甚至是《告示牌》（Billboard）的排行榜看得出來，當德瑞克或

泰勒絲出新專輯時，所有新歌會同時湧入霸佔整個排行榜。不過因為 Spotify 會顯示專輯中每一首歌曲的播放次數，所以你想觀察任何一張專輯更詳細的聆聽輪廓都不成問題。而在觀察過之後，你會發現專輯概念最明顯的專輯有以下特徵：每一首歌的播放次數會較為一致，或除了單曲之外的那些歌播放次數都差不多，又或者至少數字會從由上而下緩慢但穩定地下降，而這是因為一般人會依序往下聽，但不見得會聽完整張專輯。專輯概念最弱的那些專輯則呈現：單曲與其他歌曲之間的數字差異會非常大，且不會呈現線性變化，主要是歌迷邂逅個別歌曲的管道是別處的播放清單，而不是在專輯的脈絡下聽到這些作品。要是剛好有簡短的插曲或隨興的過場就會是最好的分辨指標，因為若不是在聆聽整張專輯的脈絡下，歌迷其實不太會去點開這些串場的小玩意兒。

只要開始仔細觀察，你就會發現以專輯為導向的聆聽方式，在文化上與批評的論述和不滿的抱怨所表示的那樣普遍。我能認出並認識那些專輯樂團，是因為我大概知道熱衷專輯的樂迷會喜歡什麼樣的樂團。但只要仔細看其中的模式，你就會發現「一世代」乍看是個典型的流行男團，但其實他們也是專輯型樂團。泰勒絲也擺明了是專輯型而非單曲型藝人。紅髮艾德與亞莉安娜（Ariana Grande）是專輯型藝人，即使他們的單曲在播放清單上的表現也極為成功。小朋友還在聽專輯。大家都還在聽專輯。大部分作為播放清單常客的藝人都是專輯型的。播放清單對專輯心生羨慕。

專輯感最重的音樂類型，散落在流行、搖滾、金屬、獨立、

饒舌與電音形式當中。事實上，只有在四大聆聽模式上，我們才看不到播放清單終究成為替專輯搭橋鋪路、供大家投入專輯懷抱的管道。首先跟專輯形式相去最遠的聆聽模式就是聽背景噪音，例如一整張雨聲播放清單，其目的即是為了在背景裡無限循環，沒有人會管現在是第幾首，更不會有人在意那些噪音是誰做出來的。第二種模式是來自音樂類型社群，且主要由眾多成員的個別貢獻所組成的合輯。這類社群所關注的目標可能是實境歌唱比賽，也可能是特定的電玩或動畫（只不過電玩或動畫的粉絲音樂作品經過成熟階段，偶爾也會變身成一種專輯的形式）。[3] 第三種聆聽模式是對應老掉牙的音樂類型，而且是老到只剩下串流上還有人依依不捨在聽的那種。話說既然是懷舊的朋友在聽，那單曲才是重點就是很自然的事情。你不會對你記不得的專輯內容念念不忘，你會覺得懷念的是那些你還沒忘掉，大概這輩子也忘不掉的經典金曲，而且你最想念的應該還是那些金曲的副歌。經典回顧會常常被剪輯成蒙太奇，不是沒有其原因。

第四種非專輯式聆聽的一大類型叫做電子舞曲（Electronic Dance Music; EDM）。這當中存在一些類似於粉絲社群裡的同人創作元素，像在某些電子舞曲的社群裡，你會看到有志於此或業餘玩票的製作人分享他們製作的歌曲給其他製作人跟一小圈非製作人的粉絲聽。但主要還是因為 DJ 混音作品即是舞曲的原生形式。電子舞曲裡就算是最受歡迎的「專輯」，往往也都屬於合輯，像最著名的就是阿曼凡布倫[4]長年經營的塊狀廣播節目《出神狀

態》（*A State of Trance*）被重新包裝成專輯上架到串流平台。你說有沒有那種「單一藝人作品集」的電子舞曲專輯？有，只不過一般人聽電子舞曲，就都不是那樣在聽的。

但我想這也顯示出後專輯時代的本色並不是反專輯或反音樂，而是有一種社群取向。播放清單相對廣播電台的另一個結構性優勢，在於所有人都可以一眼看清清單裡有哪些歌曲，而這就代表大家不需要倚賴病態的重複來達成共同的體驗。偶爾會有人點名「從廣播到串流的變動」是共同文化流失的罪魁禍首，但我想反駁（一）流失的與其說是文化，不如說是控制力，並且你可以知道誰在抱怨這點，誰就是原本可以控制一切的那個人；（二）串流對小眾與分散社群的支持遠優於廣播，同時對熱門音樂與實體音樂的支持也絲毫不遜於廣播。播放清單絕對是人類有史以來最棒的專輯索引，不信你可以去看看「新歌雷達」是怎麼把每週一次的新歌名單變成其自身極具吸引力的試聽工具。

串流與播放清單偶爾還會背上的另外一只黑鍋是它們需要

---

③ 這裡講的是有些音樂社群會在網路上創作、演奏或重新詮釋特定電玩或動畫的音樂，當中的成員除了是電玩或動畫的粉絲，也可能有具有樂手或創作人的身分。他們會在這些「同人音樂」社群裡分享自己的翻唱、原創或混音作品，並藉此互相交流和支持。

④ Armin van Buuren (1976-)，來自荷蘭的流行 DJ、製作人和混音師，其最出名的身分就是在廣播上擔任「出神狀態」節目主持人，號稱出神音樂（Trance）大神，在二〇〇六年後奠定了出神音樂的曲風基礎。

「天長地久的經營」，由此藝人想要從中受益，就必須長期不辭辛勞在社群上發表內容和無窮無盡的混音等各種無關音樂的活動，藉此吸引粉絲。這麼一來，那些需要兩到三年的閉關，才能從自己內心深處挖掘出下一張專輯的藝人（所以沒錯，這話暗指的依然就是那些被認為比較認真的藝人），他們該何去何從呢？但我認為這個問題所假設的是所有社群都有一樣的互動情形，就彷彿每個喜歡慢工出細活的藝人都在跟快如機器的其他藝人競逐同一批粉絲。就舉個令人傷感的例子，佐拉・耶穌[5] 以她那孤寂、探索靈魂深處的唱腔，要如何穿過防彈少年團大軍那永不止息的喧囂？

只不過那對佐拉其實並不是個問題。想要搶到一點防彈少年團的粉絲，恐怕還真的需要藝人拼命去 TikTok 上發影片才行，畢竟 TikTok 真的是這些歌迷搜尋想聽的新歌的時候，或是他們聽完歌想表達感受的時候，不可或缺的一個管道。經營 TikTok 不是佐拉會去做的事情。防彈少年團的粉絲不是她會試著去觸及的聽眾，而她的粉絲也不會在搜尋音樂的時候動用主題標籤或迷因美學。佐拉需要的是屬於自己的粉絲社群，而這些成員都喜歡藉由幽微難懂、氣氛十足的音樂來探尋內心深處被隱蔽的真實情感。抑或是，在第一次找到了這樣一個社群之後，她會需要在每次帶著新唱片從閉關處回來後，有辦法再一次找回這樣的社群。

在專輯時代，她想把這樣的社群找回來，得靠社群成員去同一間唱片行購物，或繼續閱讀同一類音樂雜誌。前提是她所屬的

音樂類型還有對應的唱片行與雜誌存在，而且其服務範圍還不能距離社群成員太遠。更別說你身為社群成員得有耐性地保持逛唱片行跟看音樂雜誌的習慣，而這每一趟出門或每一次閱讀都是一次又一次的反覆勞動。到了串流時代，很不幸地，她還是得面對大致相同的挑戰。若社群成員們已停止追尋新的喜悅，即便帶著新的禮物要找回原有的社群也很困難。但好消息是播放清單憑藉其特殊的結構，讓藝人與歌迷之間更接近於持續的互動，而非反覆的勞動。串流的出現成就了一種可能性，那就是聽眾社群與藝人社群之間得以集體、持續的互動。播放清單讓你可以透過一首歌或長久的趨勢進到串流的環境之中。抱怨你因為沒有購入黑膠唱片，也沒有在經過調校的音響室播放唱片，就稱不上有好好聽歌的說法，無異於指控你沒有跟對方搭驛馬車進行為期一個月的壯遊，就說你沒有認真交朋友。社群的建立只需要打打電話，無需漫長的朝聖之旅。

倒不是說揮汗行萬里路沒有價值，但不諱言的是，我覺得吃苦這種事情最好是為了追求成長而心甘情願去做的，而不該是迫於無奈所接受的結果。流行音樂主義的初衷，並非在說嚴肅的音樂就是不好的音樂，也不是在說專輯不可以在嘔心瀝血被構思

---

⑤ Zola Jesus，美國歌手。聲線獨特，音樂結合電子、工業、古典、歌德與實驗搖滾，題材大膽具爭議性。

出來之餘也同時是醉生夢死地尋個開心，而是說搖滾作為一種音樂形式或一門生意的文化假設，已不再能只靠將力量集中在全長四十分鐘、塑膠與紙盒的組裝物，而也必須將力量灌注在美學論述的各種系統中。串流並不能保證權力或公平的分配，不論是平台或企業的運作上都是如此，但對於某些曾讓權力與平等的分布窒礙難行的文化機制，串流確實可以使其鬆動一點。你不需要製作專輯。你不用聆聽整張專輯。但同樣的你也不需要把專輯堆上貨車或讓聽眾來開車，才能讓兩者相遇。

#第 13 章
在隨選播放的世界裡乏人問津的音樂

前途未卜的爵士、古典、實驗等曖曖內含光的音樂藝術

　　曾經有人哀怨地表示串流或許拯救了整個音樂產業，但它也可能在這過程中犧牲了一些「艱澀」的音樂。我想這說法是混淆了兩種不一樣的恐懼，但我覺得這兩種恐懼都沒有不合理就是了。

　　首先這第一種恐懼，牽涉到有人擔心串流從本質的結構上對特定音樂類型不友善。這種恐懼最常見的主張便是爵士與古典音樂的聽眾主要是老一輩的，而老一輩聽眾比起年輕人較不會花時間去聽音樂，所以大部分按播放比例制計算的串流平台，會傾向於將權利金從活躍聽眾較老也較少聽歌的藝人那邊，流向活躍聽眾較年輕也較常聽歌的藝人這邊。

　　但平均分潤比例的差異與其說釐清了什麼，不如說是把事情攪得更亂了。普通的二十二歲聽眾比起普通的五十二歲聽眾，前

者或許確實會花更多時間在聽歌上，但更重要的是二十二歲的人比起五十二歲的人，前者使用串流的人數更是遠遠超乎後者。或者換個角度看，一個二十二歲的樂迷有在使用串流的機率，要遠高於一個五十二歲的樂迷。也就是說，我們可以合理預期，串流對於產業中受到年輕人青睞的部分會發揮更劇烈的影響力。所以如果我們覺得串流在殺死那些年長者喜歡的音樂，那我們就必須解釋何以較少年長者從……他們原本用來聽音樂的天曉得什麼辦法……轉移到串流平台。如果長者原本是買唱片來聽，那我必須說還在買唱片的爵士樂迷絕對多於流行樂迷，所以如果一定要說串流有什麼效應，那靠老歌迷捧場的音樂類型也應該要較具抵抗力。

但我是強烈懷疑老歌迷在前串流時代所做的事情，並不是買唱片來聽。特別是在爵士的情況下，如果我們所謂的「爵士」是現在的年長者在年輕時最蔚為風潮的那些爵士作品，那麼這當中就會冒出一個巨大的干擾因子，那就是音樂與樂迷都會變老，而所有流行事物的熱門程度，都會隨著時間的流逝而慢慢腐朽。就算我們除了「爵士」以外什麼音樂都不懂，我們多半可以預期爵士樂會兀自優雅地變成一個小眾類型，不論音樂格式或聆聽科技如何變化，都會被一群在歲月終老去且日漸凋零的聽眾偶而聽著、懷念且珍愛著。

不過爵士樂並沒有活在真空中，且這種恐懼會聚焦在爵士身上也並不光是個巧合。說起降臨在爵士身上的壞事，早在串流時代之前很久就出現過一個大魔王，名叫搖滾樂。在你數落 Spotify 與

　　　▷　串流音樂為何能精準推薦「你可能喜歡」

YouTube 的種種不是之前，你多半應該要先想想當年的貓王艾維斯與天團披頭四，各自該分到多少責任。如果說爵士真的奄奄一息，那它是在哪一年初露敗象？你硬要說二〇一一年，我是不太想買帳。

而由於搖滾樂，特別是披頭四那一掛的搖滾樂，是與現代錄音科技同步到來，因此大部分追溯回一九六〇年代末尾的「老」音樂如今聽起來，聲音都還算跟得上時代。而也正因為如此，所以根基發軔於那之前的音樂風格不僅要與人類文明中風格的週期性競爭，如今還得與另外一項現實競爭，那就是音樂風格基本上已經不會被科技因素推著退出流行的行列。當凱特・布希（Kate Bush）那首一九八五年的〈跑上那山丘〉（Running Up That Hill）因為出現在科幻恐怖美劇《怪奇物語》（Stranger Things）中，而在二〇二二年登上排行榜榜首時，那從文化與歷史角度看來都是一件令人吃驚的事情，但如果就聲音而論這件事實在不足為奇。一首於一九八〇年代在 Fairlight 牌數位音樂工作站上製作出來，現年已經三十七歲的歌曲，聽起來就如同二〇二〇年代在數位音樂工作站 ProTools 上錄製完成的東西一般，完全沒有年代久遠的違和感，而一大堆用 ProTools 在二〇二〇年代做音樂的人，仍興致勃勃地試圖讓自己的作品聽來像一九八〇年代的東西。相對之下在我才十五歲的一九八二年，一首三十七歲的歌曲會誕生於一九四五年，而一九八〇年代的人可沒興趣把他們的音樂做到聽起來像一九四〇年代的東西。或者就算他們真這麼做了，我想他們應該對於這歌不受歡迎毫不意外。

爵士樂當然並不是鐵板一塊。一部分個別藝人的際遇或甚至是整個藝人社群的際遇就算不盡如人意，也不能證明其對應的整個音樂藝術形式的次分類，都已經玩完了。就以羅勃葛拉斯帕（Robert Glasper）與即興之子（Sons of Kemet）這一人一團兩組現代爵士藝人為例，他們的串流聆聽高人氣會讓你想到其他現代的獨立藝人，而不像是老一輩的爵士樂藝人。所以也許爵士並沒有全部完蛋，而只是某些爵士不行了。至於是哪些爵士不行了？就是已經不行了的那些。

　　但偶爾會跟「擔心串流殺死成人音樂」的恐懼混為一談的第二種恐懼，說的是串流的即時性本身就會讓那些不「容易入耳」的音樂貶值。這種恐懼，一如許多其他的恐懼，多少有點像假議題。譬如說我們所謂「容易入耳」，指的是什麼？我是覺得這個命題的設定會讓我們不自覺地想到那些從副歌開始，或至少是沒有前奏的流行歌曲。但這其實讓我們把不同的音樂與聽眾混在了一起。如果你喜歡爵士，而且是那種你確實從頭到尾聽過一些貨真價實的爵士歌曲後，並在事後仍想再聽聽看別首歌的那種喜歡，那你就不會期待每首爵士歌曲都要一開始就有記憶點[1]，然後在這跟另外一個記憶點交替出現兩分四十七秒後結束。一首歌要做到讓歌迷「一聽」就喜歡上，它的開頭並不需要遵循一種放諸四海而皆準的典範，它只要能符合聽者一開始的期待即可，而爵士樂想做到這一點，絕沒有比其他音樂類型更難。爵士有個特

點是它往往能一聽就有爵士的感覺。我個人恰好討厭爵士而喜歡金屬樂，但這並不影響我只花幾秒就分別出誰是誰。

我們想表達的意思可能是，艱澀的音樂想要圈到新的粉絲，確實是比較難，即便你在創造出粉絲後，要與這些粉絲建立連結並不特別困難。對此用「可口可樂和百事可樂」的那個老解釋，你可以姑且聽之。話說百事可樂比較甜，所以百事可樂的第一口往往比可口可樂的第一口吸引人，即便整罐可樂喝下來，百事可樂會讓人感覺甜得發膩。以此類比，我們可能會擔心聽眾會被一開始的甜味勾動而選擇了流行歌曲，結果錯過了那些他們如果能好好聽完整首歌可能會更喜歡的、有深度的作品。

只不過流行歌曲的粉絲也聽完了整首歌曲。百事可樂大挑戰[2]發生在一九七五年的購物中心裡，當時的百事可樂還算是相對新穎。流行歌曲則是無所不在。時至今日，你已經有機會喝完整罐百事可樂。而如果你仍繼續喝百事可樂，表示這你是認同後的決定。要是你聽了流行歌曲，然後從來都不會冒出一個念頭是：「不

---

① hook，一譯為鉤子，指可以吸引人往下聽的段落，如副歌就是常見的鉤子。

② The Pepsi Challenge，由百事可樂自一九七五年開始發起並持續舉辦的宣傳活動。活動主要是在各大公眾場合定點提供百事可樂和可口可樂兩種可樂給民眾進行盲測，受試者不必喝整罐可樂，只需兩種各啜飲一口。結果顯示民眾大多喜歡第一口較甜的飲料，整體口味較甜的百事可樂因此勝出，然而實際上較不甜的可口可樂才是消費者能喝完整罐的品項。

曉得還有沒有比這個更漫遊、飄忽不定，也更即興的東西可以聽呢？」我們不能就此斷定你這輩子當不了爵士樂迷，而我們也不能把你的嗜甜怪到串流頭上。

　　至少在原則上，我們可以責怪串流不該媚俗地討好那些什麼流行聽什麼的耳膜，就像我們可以責怪百事可樂不該利用我們的甜味感受器來牟利，結果製造出那麼多胖子。這種狀況表現在資料上，就會是串流平台的注意力愈來愈倒向流行音樂，結果導致小眾音樂類型的生存愈發困難。如此一來，即便不特別針對爵士樂串流也可能在無意間扼殺了爵士樂。大部分被人類逼上絕路的物種，譬如渡渡鳥，都不是一隻一隻被獵殺光的，牠們多半是因爲濫墾濫伐或氣候變化導致的棲息地消失，而一口氣遭到抹煞。

　　但這至少可以做個大概的測試。要把黑膠暨 CD 時代的市場動態與串流時代的市場動態相比較其實是相當麻煩的，主要是兩者資料取得的方便程度有著天壤之別，但我們或可透過《告示牌》排行榜與美國唱片業協會的銷售認證來大致推算出串流時代之前的年度銷售數據。這樣的推算顯示在 CD 銷售的高峰期，前五十大藝人占整個產業營收的比重，大概兩倍於現在前五十大藝人在串流中的營收佔比。這個結果也符合進入串流時代，Spotify 資料年復一年所呈現出的模式：隨著時間過去，流行天王天后天團的制霸能力也緩慢略微地衰退。他們衰退的速度有可能快到救爵士一命嗎？也許無法，但至少在純數字的熱門程度分布上，串流似乎稍微把我們推離了文化末日，而非推向它。

然而也許那也並不是我們所害怕的。也許其實事情根本就沒那麼複雜。也許爵士的問題並不在於它較難接觸到，也不在於它太過小眾，而在於爵士藝人與他們的歌迷在串流降臨前有過一種不同的商業結構，而現在他們沒有了。這裡的問題癥結所在，也許是小眾的東西並非純然由它們的受眾小來定義，而大多數的爵士不僅是小眾，還是即興創作的。如果你是即興音樂的粉絲，那麼也許可以合理推測那些即興的作品只會被聽少少幾次，也因此你在黑膠暨 CD 時代會買專輯買得更勤，因為只有那樣你才能把你需要的音樂時數填滿。你聽歌的模式會是少量多餐，所以你花在每首曲子上的單價會遠高於愛黛兒的粉絲，因為他們可以只買一張愛黛兒的專輯，然後來回播放一千遍。

把道德上的正確性歸諸這種安排，看在我的眼裡是有點牽強了。同樣的錢能買到一張能放一千遍的專輯，你何苦去買一張你只會聽兩次的東西？不論用任何有點說服力的經濟論點去剖析，一張愛黛兒的價值都擺明了要超過你那堆爵士音樂裡的任何一張專輯。如果即興爵士粉絲與愛黛兒歌迷聽起音樂的時間總長是一樣的，那麼我們就可以很有信心地說他們從各自的音樂收藏中所接收到的音樂價值也是一樣的，儘管一邊是一整箱艱澀的爵士唱片放在哀嚎不斷的架子上，而另一邊是愛戴兒的《十九》[3]。而很顯然，在串流的世界裡，這兩種音樂模式確實是等價的。這兩種

---

③ *19*，愛黛兒在二〇〇八年，也就是她十九歲那年出的首張專輯，用年齡當作專輯名稱是愛黛兒的習慣。

聆聽模式不僅對歌迷而言成本相同，同時它們為藝人創造的利益也一模一樣。爵士藝人不得不錄製更多滿足其粉絲需求形式的音樂，但那終究是即興的音樂，所以以量取勝也是天經地義的事情，至少他們現在不需要為每一段即興合奏都製造出一片實體載體。

這照理來說是公平的，但對那些曾經能動員粉絲去買十張專輯而非一張的人來說恐怕也高興不太起來。這裡的恐懼，同樣一如很多其他的恐懼，關乎的與其說是對錯，不如說是改變。有些音樂人在 CD 時代混得格外風生水起，主要是他們培養出了一批財力頗為傲人的客群。他們做出了那些能買十張就不會只買一張的歌迷所願意掏錢的音樂。而想當然他們也在這個過程中，開始依賴這類財大氣粗的歌迷。要討論串流對什麼人不利的問題，就不能不討論到 CD 對什麼人有利的問題。也許串流讓你被奪走了生計，但也許那生計一開始就是由此而來的。

我討厭爵士。這點我前面已經提到過，而出於若干理由，這件事我後面還會繞回來說。說我討厭「爵士」這種在各層面和內涵都極其多元豐富的東西，顯然是一件很蠢的事情，而我也不是為了「為賦新詞強說恨」，因為想論述什麼重點才假裝自己討厭爵士，我只是單純地討厭它而已。我承認我討厭爵士是出於自我認同，因為這有助於我清楚界定自身品味與對音樂和世界的期望。我討厭爵士，但我不覺得你也應該討厭爵士。爵士要是死

了，且不論害死它的兇手是時間、串流，還是燕麥奶，我的賞樂生活也不會出現任何讓人有感的差別；或者就算有差別，也不會馬上出現。但我還是不想咒爵士死就是了。

所以對我來說，這個針對爵士的擔憂其實隱含著一個更大的問題：串流究竟會讓小眾音樂更容易或更難以被人發現。或者換個說法，串流究竟是會讓小眾音樂社群的存活與繁榮變得更有希望，或是更加絕望。

如果我們討論的聽眾是我，那這些問題的答案就會荒謬到太明顯，以至於我連要完整寫出來都有困難。我討厭爵士，但我喜歡古典音樂，並且在上世紀九〇年代的某個時期，我意識到自己只擁有一種古典音樂唱片，也就是我在大學時修音樂史課程時所買的那些。於是我開始自學當代古典音樂課，而這麼做下來，我發現這過程有三個特點：難到爆、貴到翻、慢到讓人想死。我必須買回來並讀下去好幾本書籍跟雜誌，只為了搞清楚我該去買哪些 CD，才能搞清楚自己喜歡什麼跟不喜歡什麼古典樂。然後等我搞清楚了自己喜歡哪種古典樂，我還必須要讀更多書跟買更多 CD 來找到更多這種我喜歡的古典樂。我有了一些進展，而那主要是因為我花得起這個成本，但每筆新發現都得千辛萬苦換來，而且很少有什麼新發現能讓下一筆發現變得容易一些。

串流幾乎以一己之力顛覆了這一點。你在串流平台上不怕沒東西聽，只怕你叫不出那東西的名字。甚至任何音樂你只要能找到一個樣本，就算你不知道那所屬的音樂類型叫什麼名字也沒關

係，你照樣可以順藤摸瓜地找到相關的社群與可能的脈絡。我當時花了一、兩年的時間去探索和發掘古典音樂 CD，可能還花掉了差不多一、兩年基本薪資的錢，現在我靠串流只需要幾小時，所以我每幾個禮拜就來一遍。

幾年跟幾小時固然代表很大的差別，但同樣差別很大的還有在好奇心的驅使下進行幾小時（偶爾令人一頭霧水且毫無回報）的探索，相比站在一個方便飲用的品牌贊助飲料機出水口前、按出然後暢飲甜甜的百事可樂的數分鐘。我能邂逅並愛上原本素昧平生的作品，靠的不是等別人推薦給我那些看似符合我個性的事物，而是靠我對自己已知的東西深感不耐煩與不滿足。我能發掘出那些有難度跟實驗性質的音樂，靠的是努力不懈地去凝視黑暗。我願意在每一次發現都所費不貲的時候去在探索上花費心力，而我也想說我更加願意在每一次發現都幾乎等於免費的時候去花費心力探索，但這話說來其實不太合邏輯。我的渴望始終如一，我的好奇心也是。改變了的不是我本身，而是探索的速度跟品質變得好。

而在此同時，我有機會聽到（但還沒有）的音樂開始爆量。串流模糊了地理的邊界，壓縮了歷史的時間，降低了創造的門檻。我切身的喜悅並沒能以一己之力，解答關於艱澀音樂的結構性問題，就像我個人的厭惡之情，也無法確切回答爵士樂所懷抱的各種恐懼。這些合理的恐懼依舊躺在那裡，沒有獲得緩解。

但恐懼未獲緩解，也沒有關係。恐懼就像三角測量的工具，可以協助我們定位出喜悅在哪裡。那些回答不了的問題會化身為警告，並持續在我們眼前盤旋。擔心串流可能會殺死爵士、古典樂，或任何一種音樂的恐懼，可以被我們忽視，但那樣不但解決不了任何問題，而且還根本就是在逃避問題。又或者這種恐懼可以被轉化為一個目標。串流不該造成傷害，但那只是低到不能再低的標準。我們要的是一個更好的未來，而不只是一個苟延殘喘的世界。

　　我希望串流不僅要協助艱澀的音樂活下去、要持續提供現有的幫助，而是能化為實際的證明，證明音樂、找到音樂的過程，還是始於內心自我覺察的旅程，其實都不「艱澀」，並且這一切都伴隨著一種信念：外面的世界裡還有其他人的存在，這些人之所以有趣正因為他們與你不同，而你不必移動就能聆聽他們正唱著的那些歌。

＃第 14 章
租借你的最愛

串流曲庫中忽隱忽現的可用性與非永久的記錄

　　串流將世界上所有或至少大部分的錄製音樂存放到了一個集
中化的資料庫。嚴格說起來，這除了在建檔上是一種進步，在
取用的便利性上也是一種進步。身為人類的我們再也不用失去音
樂，甚至也不用因為實體難以取得、蒐集太過費力、地下室淹水
等因素幾乎也等同失去音樂。現在在播出著的數百萬首歌曲，將
得以永垂不朽。

　　但許多人在從個人收藏轉為串流訂閱時會產生一種恐懼，這
種恐懼主要不在於儲存容量與藝人創造力的競賽，也不在於未來
的歌曲可能無法穩定存在。甚至這大體上也不涉及你永遠「擁有」
一張 CD 但必須不斷付費才能收聽串流之間的差異，畢竟維持
CD 的可播放性需要購置音響設備、繳交電費並騰出實體儲存空
間，而這種種問題至少在現行的社會運作下都需要花錢。再者，

YouTube 與 Spotify 都提供了半免費的選項，而這兩個平台的存在大多預示了這種半免費選項將來還是會以某種型式繼續存在。

　　所以我覺得這當中真正的恐懼，是在於我們的技術設施不會辜負我們，但我們的法律規定會。串流平台合法播歌給你聽的權利，相對於其儲存這些歌曲的技術能力，取決於串流平台業者與歌曲授權方之間的契約協議，而授權方合法簽署這些協議的權力又取決於授權方與藝人之間的契約協議。一直以來，這兩種合約通常都以固定期限來制定的。換句話說，這些合約每過一段時間就要重新談判，然而只要主要的平台廠商與授權方繼續存在，這些合約就可能就以不同形式不斷續約。串流音樂服務的目的，就是要取得音樂的授權然後串流出去，而授權方存在的目的，就是要把音樂授權出去。在大部分的例子裡，這些合約都不是專屬合約，所以平台與授權方都沒有什麼直接的動機不換新約。

　　然而如果是藝人與授權方之間的合約，那當中的角力就完全不同了。此處的音樂授權通常是專屬合約，至少在個別區域裡是，所以藝人只要覺得自己可以跟別家唱片公司簽到更大的合約，那他們就會有動機不跟特定唱片公司換約。反過來說大唱片公司因為傳統上會付給簽約藝人預付金，所以假設這名藝人沒有繳出很亮眼的銷售成績，那他們就會有很強的動機不與他續約。在實體唱片的年代，大唱片公司基本上控制了零售通路，所以在講究實力的談判過程中，是屬於強勢的一方，能給大唱片公司臉色看的只有極少數紅到翻過去的天王天后或天團。如果身為一個

有點紅又不會太紅的藝人，你的唱片公司拒絕給你新約，那你或許可以跟某個規模小些的獨立唱片公司簽約。在以往這代表你得開始自己壓 CD，某些走上這條路的樂團會開始在表演現場把 CD 裝在紙箱裡擺著賣。但現在這樣做，你基本上已經不被視為參與了大唱片公司旗下樂團所屬的同一個音樂經濟。

這一點會在一九九〇年代尾聲開始有所改變，是因為自助發行服務商 CD Baby 的出現。CD Baby 這家公司會收錢幫你製作 CD，你是誰都沒差。不過事實上，你是誰一開始是有差的，但他們很快就放下了這種堅持，開始提供自助式的服務（他們是有一些規矩，但除了這些規矩，他們並不會對音樂本身品頭論足），於是就這樣在某段時間裡，他們實質成為了一般想做出實體音樂時的預設方案，不論你是想勇闖樂壇或只想安於業餘，他們都很歡迎。

不過比起把音樂做成實體，更加要緊的是 CD Baby 提供了一個可以販賣自己音樂的途徑。CD Baby 既是授權方，也是網路商店。透過擴大業務範，他們得以為更多樂團打開了零售生態系。這種做法有其本身的價值，但或許更重要的是這創造了一個先例。CD Baby 建構了一個足夠大的獨立藝人目錄，以至於到了二〇〇三年，iTunes Store 問世的時候，Apple 等各家最早期的數位下載商店都需要這份名單，畢竟目錄規模這種東西是愈大愈好。CD Baby 的創辦人德瑞克・西沃斯（Derek Sivers）曾說過這是整個獨立音樂史上最重要的瞬間，而從那之後，我們可以順著這條清晰的發展脈絡連結到現今的 TuneCore 與 DistroKid，以至

於現在大家並不覺得任何人都能把自己的歌曲上傳到各大串流平台上有什麼好大驚小怪的，從而實現了將世界上所有音樂都集中在一處的美好人類願景。

然而這種運行模式，還是蠻奇怪的。SoundCloud 與 YouTube 都讓人直接上傳音樂，但此外大部分的業者則不開放人這麼做。Spotify 短暫地實驗過開放音樂上傳，但最終其還是收回了這項功能。所以現今的主流又回歸到由藝人上傳音樂到獨立授權方與發行公司處，然後再由這些業者將音樂授權並傳送給 Spotify 等串流平台。

這種把授權與傳輸打包處理的方式，帶來了一個新問題，或者更準確的說，讓我們延後解決一個老問題，那就是身為一名唱片公司的簽約藝人，如果你跟公司的合約到期了，你不可以就這麼把合法的控制權移轉給另外一個授權方，然後無縫接軌繼續串流。你必須回到原點，從零開始地重新上傳全部的音樂給一個不同的授權方。你必須重新輸入所有的製作人員名單，重新附上專輯的封面設計，重新上傳原始的音樂檔案。串流平台業者必須重新去判斷出這些「新」歌雖然來自不同的授權方，但其實跟之前的唱片公司所出的是一樣的音樂，如此他們才知道要把這些歌登記到同一組藝人名下，使其出現在同一批播放清單裡頭，也讓其原本的播放次數可以繼續累積。在這個過程中，串流目錄的連貫性會接二連三受到音樂周邊各種改變的打擊，而非音樂本身。

當然最糟糕的結果是，音樂授權到期時更新合約還沒簽好。

也許封面設計的授權是被綁在與視覺藝術家的獨立合約上。也許原唱片公司不肯把檔案交給你。甚至也許原唱片公司根本還是母帶的主人[1]，只是他們已經沒有法律上的義務要拿唱片母帶去做些什麼。又或者樂團早就解散多年，沒有哪個樂團成員同時具備足夠的資源與權限去重談新的合約。

因此歌曲在播放清單中變成灰色且無法播放。它們依舊存在。技術上，電子訊號依舊能將它們傳送到你的耳機裡。但法律上這不被允許。大部分的時候，這種混沌的狀態轉瞬即逝。新的合約一簽，歌曲就會重新亮起來。但凡事總有例外，我孩子還很小的時候，有段期間我們親子間的睡前儀式有賴於一張由兩首歌組成的播放清單，其中開場的是馬文蓋（Marvin Gaye）的〈發生什麼事〉（*What's Going On*），接著是美國創作歌手珠兒（Jewel）

---

[1] 按照《美國著作權法》（*Copyright Law of the US*）的規定，與音樂相關的版權有兩種，一種是錄音版權，一種為詞曲版權（又稱音樂版權）。一份詞曲版權（可以想像成一份五線譜上記載的主旋律音符與歌詞），可以被錄製出無數份錄音版權（也就是我們實際上從唱片、串流聽到的歌曲完成品）。當歌曲被錄製完成，就會產生一份母帶。在較早的時代，母帶會是實體的載體，但今日絕大多數都是電腦裡的檔案。無論是實體或是檔案，只有最初的那一份稱為母帶，其他從母帶複製的拷貝（例如在唱片行販售的 CD 與黑膠唱片、在 iTunes Store 供人下載的音檔、儲存在串流平台系統裡的檔案等），都是母帶的重製物。這種重製的權利，是錄音版權的一部份。任何人想要進行錄音的重製，都必須獲得錄音版權所有人的授權。比如 iTunes Store 就會獲得唱片公司授權，將這些錄製完成的歌曲進行多次的重製與銷售。

詮釋的〈小星星〉（*Twinkle Twinkle Little Star*）。珠兒版的小星星出自其《搖籃曲》（*Lullaby*）專輯，而該專輯雖然自製的，但卻很令人納悶地授權給玩具業者費雪牌（Fisher Price）使其能在店內發行販售，而該授權協議到期後的多年都未曾更新。若上述這兩種狀況同時發生，我們整個家的睡眠作息將會危在旦夕，而好在我還算幸運這事才沒發生。

而其實，我至此所描述的各種恐懼，對我個人都起不了什麼作用。我的孩子現已大到不需要爸爸插手睡眠作息，播放清單更可以自理。我不覺得串流殺死了爵士樂，但如果我錯了，那頂多也就是爵士樂以後沒人做了。沒有爵士樂我還不至於活不下去。但會讓我嚇得全身起雞皮疙瘩是老當益壯的舊時音樂明明還有人想聽，卻能因為無聊透頂的法律問題而在一瞬間放不出聲音。

這隱約有點諷刺，因為我幾乎只聽新出的音樂，所以你可能會覺得舊音樂的命運對我來說無關痛癢。要是我把頭撐在正確的角度，藉此讓我脖子裡正確的神經受到壓迫，那我想我還說不定真能說服自己老歌不用存活，因為我們永遠可以寫出更多新歌，而且老實說，我們根本也不可能停下寫歌的手，那太異想天開了。但說到底，不，我還是說服不了自己。所謂新歌，必須存在於歷史的脈絡中。聆聽新的音樂，某種程度上是在跟隨歷史走進未來，而不是在假裝過去並不存在。我製作播放清單，一方面是為了把我正在聽的音樂整理起來，一方面是為了將我的記憶「外

部化」成一種具有更強搜尋功能的格式。我並不樂見音樂歷史被篡改。一首歌曾經可以播放，它就應該一直可以播放下去。

　　我說這話，不僅是從個人角度，更是從整個社會的角度來看。一首歌一朝能在世間傳唱，就是世界收到的一份禮物。這份禮物或許在送的時候不無想牟利的想法，但道德上來說，我會覺得其存在事關公益，我會認為一首歌只要在空氣中振動過，它就應該要能被重新召喚出來。我們永遠不該失去再次聆聽它的機會。我對此感到非常害怕，以至於在進入串流時代的多年後，我終於不得不把我失控的 CD 收藏好好整頓一下的當口，我對於一樣東西該不該留的標準不是我喜歡這每張專輯到什麼程度，而是我覺得自己應該為確保該音樂不失傳而代表人類多留一份拷貝在人間，負起多少個人的責任。凱特‧布希的《獵愛》（*Hounds of Love*）是我畢生鍾愛的一張專輯，同時也是一張在各種資料都記載得清清楚楚的年代、由大唱片公司所發行公認的經典，所以就算有一天它變得無法播放，也不會有誰跑來敲上我的門，只因為我家收藏有全人類僅存最後一張凱特‧布希的《獵愛》。說實在的，我所擁有過的任何一張專輯都不太可能會發生這種事情，但比起全人類搞丟現存每一片《搖籃曲》、《謠言》[2]、《優雅莊園》[3] 這種低到可以忽略不計的可

---

② *Rumours*，英國藍調搖滾樂團佛利伍麥克（Fleetwood Mac）的作品。
③ *Graceland*，美國歌手保羅‧賽門（Paul Simon）的作品。

能性，我收藏的義大利天文物理學家費奧芮拉・泰倫齊博士（Dr. Fiorella Terenzi）的《星系音樂》（*Music From the Galaxies*）說不定真會成爲世上最後一張，雖然機率還是很小。

爲了讓過去和未來能夠順利銜接，我們需要的首先是法律上的解決之道。至少在美國，我們已經知道概念上當音樂錄製完成時就享有著作權。我們需要延伸著作權的概念，使它能作爲基本的授權單位。商業上的授權不應取代掉藝人最原始的權利。商業授權只應該在特定的時間裡，在原始權利上加上一層權利。一個授權方將音樂提供給串流平台時，應該要在合約內容中納入這個核心的權利，而不應該讓合約內容裡只有他們自己的權利。只要能做到這樣，那就算商業合約到期了，授權的控制力就會直接回歸到藝人手裡，如此藝人就可以不中斷地繼續獲得音樂的收益。

然後，不論是對串流播出、線上商店販售、電影配樂，或任何一種音樂的衍生使用，我們都需要利用某種機制以尊重基本授權單位。這多半意味著要有某種標準化的方法可以去主張、去追蹤、去解決歌曲所有權在沒有公司操作時的歸屬。壞消息是聽起來很難。要想維護單一個全球資料庫是很難長久的，而要整合不同國家或各個平行組織之間的多個同盟資料庫也談不上有多簡單。

好消息是這些目標難歸難，但至少在技術上我們知道怎麼做。DNS，也就是讓網際網路得以運轉起來的「域名系統」（Domain Name System），本身就是一個可讀域名的同盟資料庫，

當中統整了像是 google.com 或 everynoise.com 等網域名稱，還有這些域名目前所指向（且會隨情況變化）的難懂 IP 數字位址。網際網路位址並沒有單一的資料庫，而是有一個複雜的分支網絡裡有各種註冊商與註冊資料。而系統會同時管理資訊及生成這些資訊的授權單位。

怪消息是我們不只需要這個系統讓未來的運作優於現在，事實上我們長期以來就一直需要它，好讓現在和過去的運作方式能符合原來應有的樣子。一首歌曲作為書面創作，具備詞曲版權，是獨立存在於一首歌的錄音權利之外。在實體唱片的時代，唱片公司會兩種權利一把抓，而也正是因為這一點，所以過去的唱片行才能用單一的批發價進貨，我們也才能用單一的零售價在唱片行買到 CD，唱片行老闆跟終端消費者如你我都不會也不用知道詞曲作者與藝人要如何拆帳。進入串流時代，授權方只負責錄音的部分，串流平台則有義務另行付費給詞曲作者，而這一點的完成主要是經由所謂的「詞曲版權組織」（PRO; Publishing Rights Organization），且其中最大的兩家分別是 BMI 與 ASCAP。然而大部分獨立授權方和發行方要麼完全不插手詞曲版權事宜（「DistroKid 不會替您登記您的音樂著作權」，該公司在其網站上的常見問題區直接這麼說），要麼只會將其當作一個有限的附加服務（CD Baby 在於二〇二〇年中止零售業務後便以發行商的身分存續下來，而他們提供有一種叫 CD Baby Pro Publishing 的加值服務，做的就是這個）。所以說很多這種玩票程度的音樂人，像

我，就根本懶得去弄這種東西。至於現有的各家 PRO，由於他們只處理詞曲創作，並不會去蒐集任何錄音方面的資訊，因此這項工作就落到了唱片公司頭上。而當這兩種資料庫因不同目的而用不同資料輸入時，要將它們對起來不僅很容易出錯，還得由每個串流業者自行想辦法處理。這個系統本來就不怎麼樣，現在看起來更是一團糟。

這些東一個西一個的權利必須重新整合。詞曲版權組織裡的名冊，就像所有唱片公司內部的資料庫，只能管理那些特定的商業關係，而沒有餘力去顧及音樂本身。歌曲本身的資料庫必須先於這些系統並獨立於它們而存在，如此一來藝人才能直接管理其音樂作品的音樂中繼資料及授權中繼資料。接著，藝人、授權方、被授權方以及音樂產業工具的開發商都必須使用這個系統，如此資金的流動才能有效率且透明，音樂也才能持續不斷地獲得播放。

這並不是什麼嶄新的創見。而且其實以前就有人小規模地試行過了。其中最近一次嘗試這麼做，是美國一家叫「機械式重製授權組織」（MLC; Mechanical Licensing Collective）的非營利組織。該組織成立於二〇一八年，當時是作為《音樂現代化法案》（*Music Modernization Act*）的其中一環。然而正如其名稱中的「機械」一詞所顯示，MLC 只嘗試要解決一半的詞曲版權問題，另外一半他們完全不沾，錄音的問題也與他們無關。同時他們只管

美國。再就是以他們區區八十人的編制跟在納許維爾的一間辦公室，我建議您可以親自去找他們登記，然後跟我分享一下你覺得他們是不是已經準備好要挑起為所有音樂擔任同盟全球資料庫核心的重責大任。我覺得看上去，他們是派遣律師去處理技術問題，而那比起派工程師去處理文化問題，並沒有比較高明。

然而，串流是行得通的。技術創新和公共政策可以重新定義文化問題，好讓技術上的挑戰降至次要問題。這並不能解決文化問題中的文化部分，但這可以讓我們想用文化手段去處理文化事宜，過程變得容易些許。我們擁有全世界的音樂。現在我們知道了這是可能的。我們只需要停止誤導自己，不再假裝我們沒有擁有。

#第15章
最棒的爛答案

演算法是怎麼出包的

　　串流音樂時代與實體發行時代之間最大的不同，並不是什麼權力結構、付款模式、格式，或是你聽歌的模式。Napster 虛擬化了音樂的流通，而雖然很多藝人與唱片公司都擔心 Napster 會損及他們的生計，但歌迷一般不會想那麼多，所以圍繞著 Napster 的主要是流通上而非文化上的爭議。Napster 等於是從商店裡偷音樂，但由於它只影響流通的部分，所以只負責聽的歌迷並不覺得世界有太大改變。iTunes Store 仍舊是一家店，但其在文化上的影響力多半比 Napster 更深刻，畢竟前者存續的時間較久，對專輯的拆分力道也更猛，不過在 iTunes 上聽你自行下載的音樂收藏跟在 iTunes 上聽你自行上傳的 CD 收藏，兩者在體驗上應該所去無幾。你照樣可以隨興播放個別的歌曲，也可以任意編輯好播放清單後再開始聆聽。

iPod 改變了聆聽音樂的實體體驗，因為這玩意兒讓你能夠隨身帶著大量的音樂收藏，四處趴趴走。但要說用 iPod 聽歌的方式哪裡新，恐怕只能是你現在多了一個隨機播放功能可以選。聽的都是已經知道的歌，但你現在可以使用「隨機播放」。

二〇〇五年問世的潘朵拉開始普及了「自動廣播」（automatic radio）的概念，但其行銷的重點卻不是其內含的演算法，而是人工個別針對每一首歌標註音樂特徵，藉此建立鉅細靡遺的「音樂基因組計畫」（Music Genome Project）。在其初始的基本型態中，串流是把伺服器跟中繼資料都集中在一起了，但此外跟現在的串流也沒有太大的差異。這個階段的你可以個別的歌曲隨便聽，選購或蒐集等前置作業都不需要，但你並無法隨機播放全部的歌曲，亦即你還是必須手動選編出你自己的播放清單或「收藏」，這些才是你可以隨機播放的內容。

這種狀況開始有所改變，是因為在二〇一〇年代初期，串流平台慢慢導入了可見的演算法與外顯的個人化功能。等到 Spotify 在二〇一一年的美國開始營運後，它上頭也看得到以演算法為基礎的電台跟相關藝人推薦功能，而演算法真正成為主要功能是因為 Spotify 在二〇一三年推出了「發掘」（Discover）頁面，要知道在當時那多半稱得上是串流歷史上觸及聽眾最多的「推薦」引擎了。回聲巢作為我自二〇一一年起就在那裡上班的音樂推薦新創，既可以說是在與 Spotify 打對臺，也可以說是在爭取 Spotify 的青睞，一切取決於你要怎麼運用所謂後見之明。我發了一些嘲

諷的推文，爲的是嘲笑我的 Spotify 發掘頁面上那些格外失準的推薦，包括我曾在一、兩則推文上志得意滿地建議 Spotify 閃一邊去，讓專業的來。

這種虛張聲勢被抓包（可不是我的推文害的喔），是因爲 Spotify 在二〇一四年收購了回聲巢。我們最終將「發掘」頁面升級，但隨著二〇一五年個人化「每週新發現」（Discover Weekly）播放清單的推出，個人化的發展重點也跟著轉移了。相對於「發掘頁面」是種歡樂的大雜燴，裡面有各式各樣的個別推薦與各種類型的推薦歌曲、專輯、藝人、演唱會「每週新發現」把這樣的一團亂引導進一張單一而沒有註解的播放清單中，裡頭有三十首歌，每逢週一更新。這背後的演算法科技基本上大同小異，但「每週新發現」拿掉了多種選擇與各種說明，改採了極簡許多的收聽提案：相信魔法，按下播放就對了。

在當時，「每週新發現」被誤報爲是回聲巢所發明的，導致了 Spotify 內部發出不平之鳴。但終究我們可以很合理地視回聲巢爲 Spotify 決定投資演算法推薦的證據（同理 Spotify 收購播放清單製作業者 Tunigo，對應的是 Spotify 決定投資歌曲的人工選編）。演算法與個人化自此進駐了絕大多數大型串流平台中的幾乎所有功能，而由於各串流平台現在的音樂都一樣、功能差不多、訂閱方案也大同小異，因此演算法就成了決勝的關鍵。

現在的人非常有可能在聽串流音樂時，獲得的是一種基本上由演算法所管理跟提供的體驗。但這還沒有到必然是如此的地

步。如果你堅持的話，還是可以將串流服務當成你可以手動收集個別歌曲的無限商店，同時目前由演算法編寫出來的聆聽體驗，其佔比並不如你想得高，只不過擺在眼前的事實是在可預見的未來，演算法將會是在音樂中，乃至於在科技生活的方方面面裡，都占有一席之地的當紅炸子雞。我們有充分的理由對此感到害怕。演算法只是工具，但有時候演算法的創造者會把演算法交給你自行運用，有時候卻會強制把你綁在一塊轉盤上，把演算法朝你砸過去。

不論哪種方式，演算法都不在乎。會在乎的只有人類。所幸我們通常都還蠻在乎的。在集體的努力下，我們變得對演算法還蠻在行的，且演算法通常能達成我們預期的目標。它們也會出錯，但人類同樣如此。

問題是演算法出包的方式，就跟人之常情不太一樣了。人會因為嘗試困難的事情而失敗得一塌糊塗，但也會在理應很簡單的事情上出現零星的失誤。演算法則是會在完全不知道自己擅不擅長某件事情的狀況下，犯下系統性的錯誤。亦即若是無法分辨好壞，那麼就算是最優秀的演算法也會出錯，而一旦出錯，演算法就會不可避免地在好的答覆中摻進壞的答覆。

演算法犯錯的方式可以很簡單，也可以很複雜。我個人最經典的一個簡單到讓人尷尬的演算法失敗案例，發生在還沒被 Spotify 收購前的回聲巢時期。我當時發明了一種辨識明日之星

的演算法。或者更準確地說，我發明了一種辨識「可能的」明日之星的演算法，但我們負責業務開發、那個向來用東西不看警語的同事提姆，歡天喜地地就把這個所謂的智慧產品賣給了MTV台，而MTV便以它為基礎做出了一個叫「MTV音樂指標」（MTV Music Meter）的工具網站，當中列出了依據演算法統整出可能有機會大紅的藝人，給想要認識新人的年輕觀眾認識。這做法一開始也沒什麼大問題。藝人會在這個有點可疑的入口網站中來來去去，並且他們不管作為明日之星的星度高低，大多也都還算有趣。並且等到這些可能的明日之星確定竄紅或者沒有之時，他們都早就從「MTV音樂指標」的榜單上畢業很久了，所以這指標到底準或不準，也就沒有人拿著放大鏡去審視了。

但在音樂指標跑了幾個月後的某天，我們收到了一封內容滿懷疑惑的電子郵件發自MTV的某個人，他想知道這份原本應該是年輕人想認識的藝人榜單，怎麼突然看起來像是老爸們的唱片收藏清冊。確實一有人提出來，你就會注意到頁面上所有的藝人照片都是黯淡的黑白色調，並且在原本應該是地下饒舌歌手與特立獨行之噪音搖滾歌手的地方，怎麼都佔著你不得不承認、不折不扣的老人家：梅爾‧托美（Mel Tormé, 1925-1999）、金‧奧崔（Gene Autry, 1907-1998）、馬利奧‧蘭沙（Mario Lanza, 1921-1959）、派特‧布恩（Pat Boone, 1934-）。

這事如果發生在二〇二〇年，就是TikTok造成的。如果莫名冒出來的老人家是平克勞斯貝或派瑞柯摩，那原因應該就會是聖

誕節[1]。但當時是二〇一四年的一月，聖誕節已經過了兩週，而我已經過濾掉了聖誕歌曲，因為在音樂演算法這行度過第二個聖誕節時，你會知道你一定要這麼做。

　　但這還是跟聖誕節有關，只是不那麼直接相關。負責把聖誕歌曲過濾掉的篩選功能沒問題，所以說擺明了是聖誕歌手的比恩與派瑞並沒有登上榜首。但那些跟他們同期的歌手，雖然也因為聖誕歌曲而在這時節受到歡迎，但他們的聖誕歌曲往往會和非聖誕歌曲混著播放。這對比的是歌迷點進比恩與派瑞，就是百分百去聽他們的聖誕專輯或合輯。所以有幾首梅爾・托美專輯裡的非聖誕歌曲的被播次數雖不能算多，但絕對比這些歌平常的播放量高出許多。關鍵就在於這幾首梅爾・托美的歌曲突然受到關注的模式，幾乎無異於某些還沒紅的藝人（像是當年的政策樂團〔Poliça〕）的幾首歌突然被挖掘出來的模式。將梅爾・托美部分（跟聖誕有關的）歌曲移除的演算法篩選功能，正是讓上述兩種模式看起來極為神似的元兇，主要是可能要冒出頭來的藝人，靠的往往就是一、兩首歌。

　　一如很多軟體的毛病，這個問題也是事後診斷易，事前預防難，或是說知道了問題後不難解決，難的是你要知道問題出在哪裡。想要更準確判斷趨勢的出現，你可以考慮進更多的歷史資料，而在此例中，你只要使用多於一年的歷史資料，就完全足以排除掉聖誕節這個歷史性因素。梅爾・托美只算是險勝了政策樂團，而且要不是民眾習慣在聖誕節前後少聽一些新歌，多聽一些

　　⏯　串流音樂為何能精準推薦「你可能喜歡」

應景的聖誕音樂，那些崛起中的藝人應該還是可以繼續往上爬，不至於受到各種烏龍齊發的影響。

　　或至少換種方式講，天曉得還有多少其他類似的錯誤差一點就發生了？我處世習慣樂觀，但面對演算法我習慣悲觀。我揮之不去的職業惡夢是：我不小心寫出了一個會給出壞答案的虛擬機器，然後還毫無自覺地放它繼續跑。除非二十四小時盯著，否則我們怎麼知道我們寫出來的機器都幹了些什麼？而想要在機器手上有幾百萬件事情在做的同時看著它們，不給他們一點作亂的機會，你覺得那辦得到嗎？

　　當然啦，一個人的惡夢可能是另一個人的錦囊妙計。讓電腦同時執行幾百萬件事而不用費力去監督，就叫做「機器學習」（Machine Learning）。

　　前機器學習時代的傳統程式設計是由人類用手打出程式碼，然後再不斷調整直到結果沒問題的程度。能這麼做，前提是團隊裡有人有能力辨別什麼結果叫好，什麼結果算壞。做不到對音樂如數家珍，你就寫不出傳統程式來推薦音樂。

　　機器學習的核心概念是不去告訴電腦要做什麼，而是先告訴它變因有哪些，再告訴它如何去判斷結果好壞，最後讓某些共通

---

① 平克勞斯貝（Bing Crosby, 1903-1977）和派瑞柯摩（Perry Como, 1912-2001）這兩位藝人錄製過非常經典的聖誕歌曲。

式演算法[2]去找出什麼樣的變因組合可以產生最佳結果。想像某台機器上面有很多操縱桿。人類不會鑽進機器去操作那些操縱桿，而是會站到機器面前為其設定目標，然後讓機器自行操作操縱桿。

但這種解釋只是把一種我們基本上能理解的複雜性（人類必須學會操縱桿的用法），置換成一種我們大部分人無法理解的複雜性（你要如何向機器說明你想挖出一種特定形狀的坑洞，但不可以挖斷下水道的管路或電線？），人類很擅長使用簡單的機器去完成複雜的任務，所以你才會還看到挖洞的機器裡有活人（而不是機器人）在操作，才會還看到小心翼翼繞過坑洞的車子是人類在開而不是自動駕駛。

確實有兩大類問題很適合交給機器學習，而這兩類問題的共通點是它們的結果好壞都不能太複雜，或至少「判斷它們結果好壞的辦法」不能太複雜。

第一大類問題，是那種人類可以提供好壞結果範例的問題。在機器學習中，這些範例有個小名叫做「訓練資料」。假設我們是餅乾狂熱者，然後想要打造一台會用程式運算來製作巧克力豆餅乾的機器人，那我們首先需要準備的是形形色色根據不同食譜烤出來的餅乾，然後讓人類餅乾專家來打分數。再來下一步，便是讓電腦搞清楚是什麼樣的食材與火候組合最獲專家的青睞。

像這樣的機器學習流程，通常會經過其獨特的開發和測試迭代過程。餅乾機器人烤出一批餅乾，人類專家將之當成人類作

品一樣打分數，然後機器人再去重烤一批餅乾。人類評分既是決定性因素，也是限制性因素。首批由人類烤出來的餅乾，九成九都只會使用特定的原料與火候。如果最高分的做法用上了十四盎司的巧克力豆，然後烤了八分鐘，而最低分的成品用上了十二盎司的巧克力豆，然後烤了九分鐘，那麼電腦的推論可能就會是巧克力愈多愈好，而烤的時間愈少愈好，並據此在第一次嘗試時選擇用三磅的巧克力烤零分鐘。但評估者（應該）不會給這樣的作品高分，所以到了第二次嘗試時，電腦或云機器會知道十四盎司跟八分鐘是相對好的組合，而三十六盎司跟零分鐘是相對壞的組合，並從中取一個二十五盎司跟四分鐘的組合來嘗試。

當然，烤巧克力餅乾作為一個方程式，其牽涉到的變因就那幾個，所以在經過幾次迭代後，電腦多半可以歸納出一個還不錯的食譜。機器學習其中一種讓人充滿期待的願景就是電腦可能發想出某種人類永遠設計不出來的食譜。但其實這種事情發生的可能性相當之低，因為如果我們只是讓電腦用同一組材料進行各種排列組合，那人類專家應該早就已經窮盡了各種能吃的組合變化了。另外就是以我的淺見，巧克力餅乾的好吃祕訣是麵團烤之前要在冰箱裡冰過，這樣麵團進了烤箱才不會一下就扁掉。要是烤餅乾機器人裡不曾內建冰箱冷藏的模組，那它再過一萬年也不會

---

② meta-algorithm，排列組合其他演算法的演算法，也稱作整合演算法。

知道有這樣的選項。

現在假設有一個餅乾機器人 2.0，它內建了更多的附件、更大的食材庫，且有權限去製作任何一種餅乾。我們的任務是用評過分的範例去訓練它烤出其他種類的餅乾，像是燕麥葡萄乾餅乾、薑餅，或是愛沙尼亞婚禮用的方塊餅乾。愛沙尼亞婚禮方塊餅乾的專家不好找，但薑餅專家也可以給婚禮方塊餅乾打分數。

餅乾機器人 2.0 最令人興奮的潛力在於它能對提出新的發想。但令人失望的現實是，很多發想做出來會像是義式幸運脆餅（fortune biscotti，一種要經過三次烘烤的餅乾，吃之前你得至少將其在液體中泡一分鐘才咬得下去，但等泡完後，夾在餅乾中的紙條上的字跡墨水早已模糊得難以辨識）。

這大概就是為什麼餅乾產業也還沒有被機器人廚師佔領的原因。創意這種東西，談何容易。所以說機器學習真正的用途，常常不是那麼好說明，而且實務上也不那麼引人注目。餅乾機器人 2.0 計畫遭到取消，團隊人力也被重新指派到行銷部門。到了行銷部門，這些同仁們會把機器學習應用到（含有冰箱冷藏模組的）餅乾機器人 1.1 的區域餅乾銷售資料上。

就這樣，機器學習的用法會從以訓練範例作為基礎的第一種，移動到以最佳化成品效果為目標的第二種。好消息是針對這第二種用法，我們不需要找所費不貲的專家來拖慢整個過程。我們可以直接把餅乾做出來、運出去，然後觀察市場的銷售反應。銷售本身成為了我們衡量成敗的標準。事實上，電腦程式設計師

不需要親自處理餅乾，所以他們的辦公室可以設在離餅乾工廠很遠的地方也沒關係，包括他們可以在裝潢時髦的共享工作空間裡寫程式。他們不需要對餅乾有任何概念。他們甚至不用喜歡餅乾。其實企業高層也不用喜歡餅乾，所以我們可以從 Google 或 Facebook 挖角有企圖心的準企業高管過來為我們效力，而只不用多久，就會有人意識到我們已經不再是餅乾業者，我們已經變成了資料導向的全球物流解決方案提供者。

機器學習之於程式設計，就如微波爐之於烹飪：它們都是將需要透過不斷回饋和修正調整的人類感官技藝，替換成一個只會嗶嗶叫的黑箱。自稱是機器學習工程師，無異於說你是一名微波爐廚師。微波爐反過來促進了冷凍食品的發展，並創造出一整個與烹飪無關的生態系。真要說，我們也可以把餅乾拿去微波，這樣就能將公司裡所剩無幾、曾經需要專業的技能（好像叫「烘焙」，隨便那是什麼啦）的麻煩崗位通通置換掉。

事情到了這個分兒上，餅乾恐怕就很難有好品質了。它們不用品質多好，但重點是它們已有過上千次讓品質變得更爛但又賺得更多的調整，而且不會有礙事的餅乾專家跑來捍衛傳統的餅乾製作原則。對此工程師們會在意嗎？他們不會。因為他們要的是能研究屬於尖端科技的機器學習演算法，而不是跟那些不切實際的廚藝學校畢業生爭辯。他們可以談論最先進的機器學習演算法，而不是鹽巴和麵粉。包裝與訂價只是用來訓練下一個模型的更多變因。他們的股票選擇權價值不菲，他們的 LinkedIn 收件匣

裡滿是挖角信，寄信者盡是 Google 跟 Facebook 機器學習部門的人才招募員。

也正是因為如此，用「邪惡」二字去罵 Google、Facebook、LinkedIn 或 TikTok 於事無補。這並不是說它們無可非議，而是說把媒體對社會的破壞效應歸諸於直接的惡意，代表你誤解了現行媒體科技的本質。普通人想搞垮一家餅乾公司，可以靠唯利是圖而犧牲嚼勁，但那你得夠厚黑，而且太花時間。機器學習可以很有效率地做到這點，還不牽涉到惡意。並且不同於烤餅乾或挖洞，現行幾乎所有的社交、媒體或串流體驗都是由機器學習所推動。機器學習最熱中於推動完成的，是把文化問題變成技術問題，減少對人類主觀判斷的依賴，力求讓這些問題可以由工程師在不那麼了解或不那麼在乎文化細節的狀況下，照樣加以解決。Facebook 的初衷並非散布假訊息，TikTok 也不是專門被打造來主推那些帥哥美女看似要把襯衫褪去的影片。實情是工程師們設定了某種流程，而這些流程會自動且不透明地去推廣任何一種能夠讓人欲罷不能的影片內容，標準是受眾看內容的時間愈久，流程就愈成功。

但這種自我強化的循環論證總是危險的，而把花了多少時間當作標準更是莫名其妙。人有時候會花比較多的時間去從事某些活動，是因為那些活動讓人欲罷不能，而且你做完覺得不虛此行。但也有時候人會一直做同一件事情，是出於癮頭、或慣性、或恐懼。有時候他們堅持做下去，圖的是某種具體但無關緊要的獎賞，要不就是在追逐某種延遲的滿足、在合理化某種挫敗的沉

沒成本、在忽視其他選項的存在。花在這些內容上的時間，就跟烤壞的餅乾一樣，其實或許爛透了。而或許我們成功打造出來的只是一台自我實現的機器，它正不斷自學如何變得更爛。

但這並不表示機器學習不好，就像我們不會因此就說機器不好。但這代表我們這些把機器學習拿出來用的人類，必須要為演算法衍生的文化意涵與演算法失敗所帶來的效應負起責任。

而對我來說，上述的兩種機器學習似乎就是在此開始走向完全不同的路。我最喜歡的音樂領域的機器學習失敗，絕大多數屬於第一種，也就是用範例去訓練演算法的那種。我們在回聲巢做了很多這種事情，具體而言我們使用經過人類訓練的例子推動機器學習的流程，讓演算法知道要如何依據「舞曲屬性」（danceability）與「演奏屬性」（instrumentalness）等心理聲學特質去為歌曲評分。很顯然電腦不跳舞，而我們的工作也不是要讓電腦跳舞、讓電腦理解什麼叫跳舞，或是最大化人類跳舞的時間。我們會讓電腦知道在我們的心目中，哪些歌曲適合拿來跳舞，哪些又不那麼適合。電腦的目標是找出各種可量化的音樂屬性的組合，而這些組合能準確對應人類的主觀判斷。

關於演奏屬性，我們的目標是根據一首曲子裡不含人聲歌唱的可能性來評分。這部分我們的做法與餅乾機器人這個假想案例中的描述幾乎一模一樣。我們找來幾百首現有的歌曲，然後讓音樂專家（好吧，其實是實習的大學生）去判定這些歌有或沒有人

類的歌聲，並爲之貼上標籤。然後我們把這些例子餵進某道機器學習的程序裡，該程序會透過撥弄一大堆小小的、名稱十分神祕（但至少還是有名稱）的操縱桿，來判定這些歌曲是純演奏而那些不是，接著據此再判斷另外五千多萬首曲子是或不是純演奏。

把機器學習拿來用不難，難的是搞清楚機器學習究竟有沒有用。你沒辦法讓同一批實習的大學生去給那五千萬首歌對答案，否則一開始就直接讓他們去人工判斷就完事了。他們可以隨機抽查沒有被貼上標籤的例子，讓你對演算法的效力有一個統計上的基本認識。他們可以專門挑一些特定分數區間的歌來驗證，看看電腦給出高分的曲子是否眞的確定是演奏曲，也看看電腦給出低分的曲子是否眞的有人在裡頭唱歌無誤。並且你可以用其他的標準來統計演奏屬性的分數，藉此做成一種集體的評斷。在我們的例子裡，我們按音樂類型統計了演奏屬性，結果得出了一堆無聊但讓人安心的見地。比方說，長音環境音樂[3]與以色列古典鋼琴就是演奏屬性極高的類型；底特律陷阱音樂[4]與丹麥喜劇則是演奏屬性極低的類型；瞪鞋搖滾[5]與爵士金屬則介於兩者之間。無聊而正確的答案是爲機器學習除錯時，最理想的結果。

不過，也有一些發現讓人傻眼。比方說藍草音樂[6]被穩定評爲最不具演奏屬性的音樂類型之一，主要是藍草不僅在演奏屬性上的得分低，而且標準差也很低。現實世界裡確實有不少藍草音樂是有人聲的，但是純演奏的藍草音樂也多得是。而且說實在的，藍草的演奏屬性肯定高過，嗯，有人拿著德國的童書在朗

　　　▷　串流音樂為何能精準推薦「你可能喜歡」

讀，所以現在有分數得出了不同的結論，我們自然得去好好去研究一下那些分數是怎麼打出來的。

而在好好研究過之後，我們發現基本上只要是有斑鳩琴登場的藍草演奏曲，演算法都把斑鳩琴當成了人在唱歌，並據此給出了分數。我們快速地掃過一次一開始的訓練範例並沒有藍草音樂，而且很可能也沒有斑鳩琴聲。所以當機器學習流程遭遇到斑鳩琴這種訓練實例裡都沒有的雜音時，它只好將之拿去比對為其他實例裡存在的聲音。我們加入了一輪含有斑鳩琴的範例，而我們一邊思考著樂器的獨特音色，一邊腦力激盪了一番，然後我們列出了一張可以去檢查與補充的樂器聲音清單：蘇格蘭的風笛、

---

③ drone ambient，簡單來說是一種持續不斷的長音，中間加上一點和聲或是音色的變化。這種環境音樂也可以是我們生活周遭的各種聲音，例如車子聲、大自然的聲音等。

④ Detroit trap，一種形成於上世紀九〇年代的音樂，起源於美國南部的嘻哈音樂，以具有侵略性的歌詞與唱腔著稱，並大量採用大鼓、腳踏鈸、低音、電子合成等元素。「陷阱」指的是毒品交易的地點，由此陷阱音樂多在抒發街頭生活、貧窮、暴力等在城市生活中所面臨的嚴酷體驗。

⑤ Shoegaze，屬於另類搖滾，出現於一九八〇年代晚期的英國，並於九〇年代初期達到頂峰。英國幾本音樂雜誌將其命名為「瞪鞋搖滾」，是因為其代表性樂團在現場演出時常站在那一動不動，只是一心看著地上的效果器，看似在瞪著鞋子。

⑥ Bluegrass，亦稱草根藍調，是美國民俗音樂的一種，同時也是鄉村音樂的分支，當中融合了多種移民文化的音樂風格，主要出現於上世紀四〇年代中期，然後在二戰之後真正興起。典型的藍草音樂是以弦樂器為基礎，如曼陀林、空心吉他、斑鳩琴、小提琴、大提琴都是常用的樂器，此外也可以再配上歌聲。

澳洲原住民的迪吉里杜管（digeridoo）、特雷門琴與低音豎笛。

　　我最喜歡這種失敗了，一部分的原因在於它一點也不拐彎抹角，也不存在任何模糊地帶，錯就是錯。沒有人會去主張斑鳩琴聲也可以算是一種歌聲，也不會有人硬拗說「演奏屬性」指的就是音樂裡不含有「歌聲跟斑鳩琴聲」，至少講道理的人不會這樣。這麼一來，這就只是一個需要用文化診斷與解決方案去處理的技術問題。我喜歡音樂，也喜歡解決問題，能在工作的時候說：「喔，那特雷門琴呢？」這就讓我蠻開心的。每當聊起特雷門琴，就會不自覺想著人類有多怪誕、多神奇，而音樂更是我們表達讚嘆的最不可思議方式之一。你或許無法信手拈來，就說出其他文化裡有哪些樂器也會發出像斑鳩琴跟人聲一樣的響聲，但你可以學習，可以在教會電腦如何用不那麼狂野的臆測去量化世界的過程中，自己也順便對音樂這件事探索一番。

　　出於同樣的理由，我覺得最糟糕的機器學習就是那種對內容毫不關心、只追求效果最佳化的。效果與效果的各種評估方法，有其各自的複雜之處，我們很難知道自己是在改變世界，或者只是在改變評估後的結果。時間長度不等於享受的程度。一般狀況下，如果你給人一首長度長那麼一點點點的歌曲，他們都可能順勢就將之聽完，但這並不表示這麼做真的比較好。他們可能會因為第一首歌的前奏淡入，而有稍高一點的機率放棄整次聽歌體驗，也可能因為歌與歌之間的轉換交叉淡入淡出，進而在同一次

聽歌體驗中停留久一點，但如果我們沒去注意這些特定的結果，我們可能根本不會意會到這些事情發生過。有些人聽（或看）東西的時候會顯得欲罷不能，有可能是因為他們在焦慮些什麼，但在焦慮的時候我們聽（或看）得愈久，爽度反而只會降低。

說到這個，我最喜歡的例子是一項測試，這項測試原本是用來評估兩種應該可以互換的機器學習播放清單演算法。其中一個演算法牽涉到老派又困難、沒人想再使用的程式碼；另外一種則是用較新且較容易的辦法去做同樣的事情。我們比較了兩者，而且按照我們平常的做法，也是大多數科技公司會用的做法，我們隨機挑選了十％的聽眾，偷偷讓新的程式碼生成他們的播放清單，其他人則都是繼續得到由舊程式碼生成的播放清單。這做法就叫做 A／B 測試。在受試者不知情，也未給予首肯的狀態下進行這種實驗，其實在概念上有其不道德之處，但因為這麼做在統計學上的威力實在太強，而且迄今無法可管，所以大家都會對你這麼做。

讓人想不到的是程式碼比較容易的那種演算法，在測試分數上遙遙領先。兩種演算法所接受的訓練，都是希望盡可能增加聽眾從其生成的播放清單中聽歌的數量，而結果是從新演算法處取得播放清單的聽眾所播放的歌曲，數量確實多於從舊演算法處取得播放清單的另外九成聽眾。想要大幅度改變聽眾的行為，通常是很困難的事情。但所有人都非常想轉換到比較平易近人的新版本，所以這結果至少稱得上是一種驚喜。

有時候我不得不扮黑臉，去對讓人難以置信的好事心存懷疑。事實證明在設定這項測試時，我們無意間給了兩種播放清單演算法不同的歌曲組來選擇使用。舊演算法的那組經年累月，已經由各種嚴格的方式精心過濾過，主要是經驗讓我們愈來愈明白什麼樣的歌曲在由演算法生成的播放清單中是好的選擇，哪些又不是。中間有著長段空白的歌曲就是不好的選擇，而我們有軟體可以去偵測空白。單獨的歌曲介紹也是不好的選擇，而我們也有軟體可以去把口說與歌唱區分開來。兒歌與聖誕歌曲跟非兒歌或非聖誕歌曲混在一起，也不是個好主意，而對此，沒錯，我們還是有軟體可以替我們留意。特長或極短的歌曲也會事先被挑掉。

新演算法可以選擇的歌曲，也套用了上述幾乎所有的篩選功能，唯獨少了最後一個，所以其可以選擇的歌曲庫其實更大，因為那當中包括了特長與極短的曲子。新演算法並不在乎這樣的差別，因為還是那句話，演算法不懂得什麼叫做在乎，它只記得自己受過訓練，而訓練告訴它所謂成功，就是聽眾播放歌曲的次數變多。由此把短一點的歌曲推薦給聽眾，他們就會在同等的時間內播放更多次歌曲。這種狀況可以得分較高，但對聽眾而言並不是比較好的體驗。事實上客觀地說，很多短曲都確實是不理想的選項，亦即新演算法在最佳化自身的表現的同時，讓其選播的音樂變差了。

所幸我們一了解到這一點，並讓兩邊用相同的歌曲庫重跑這個實驗後，新演算法的得分就跟舊演算法在伯仲之間了，而這也

是我們一開始所預期的結果。新舊演算法之間不存在我們可以拿來說嘴的進步，但工程師們得以轉換到操作比較簡便的新系統，而播放清單也沒有變差。機器沒有學到任何東西，我們倒成長了不少。

如果我們評估演奏屬性的做法，是去看聽眾會在號稱全部都是「純演奏的背景音樂」演算法播放清單一共花了多少時間，那麼我們八成不會察覺系統錯把斑鳩琴聲當成人聲。沒有人會因為聽不到藍草音樂就暴怒而放棄聽背景音樂。我們很可能永遠不會發現這個問題，最終會讓演算法對斑鳩琴的鄙視成為常態。之後，當某個藍草音樂藝人發現他們從來沒機會放進播放清單時，我們會感到一頭霧水，但我們會覺得問題肯定不出在演算法上，畢竟我們做過測試了。這會是最糟糕的一種結果，因為它把文化真相蒙在鼓裡，就只為了幫程式碼遮醜。把明明沒有在「學習」的程式碼說成有，會助長我們這些既開發出又受制於演算法的人，開始認為它真的有在學習並依此思考和行動。但演算法在應用上的失敗，永遠是對我們的一種批判。是我們沒好好訓練它們，是我們沒好好評估它們，是我們以錯誤的目標對他們進行了優化，是我們用心良善但把不該給予它們的力量給了它們，讓他們可以爬到人類頭上。身為程式設計師的我們無法光靠寫程式就擺脫自我意識的匱乏，這就像作為聽眾也不可能光靠消費就走出被異化的困境。演算法不會當起公道伯，替人類的糾紛進行裁定，它不會自動幫我們說對不起，它更不會提升我們的層次到一

個共同的目標裡。演算法不會拯救我們，也不會拯救自己。我們必須願意承認最棒的壞答案依舊是壞答案，然後停下來深呼吸重新提問，一直問一直問直到得到最棒的答案為止。

新的喜悅

串流所促成的喜悅，不見得會比其帶來的恐懼單純些許，但我相信這些喜悅具有遠勝過恐懼的潛力。至於我如此認為的若干理由，且聽我在第四部當中細說分明。

#第 16 章

全世界都在聽（算是吧）

串流是全球集體智慧的蒐集者

　　你所納悶的每一件事情，都會有某個人知道答案。個人會知道的大部分事情，至少在這個年頭，都寫在網路上的某個角落，所以想成爲知道這些事情的其中一人，其實並不是那麼困難。

　　我之所以知道哥德交響金屬，是因爲大概在二〇〇〇年前後我讀到一篇樂評，文中將芬蘭金屬樂團日暮頌歌與荷蘭金屬樂團聚集（The Gathering）做比較。聚集樂團並不是唯一一個我知道有女性主唱的金屬樂團，因爲此外還有重金魔師（Warlock），而且如果你把金屬的定義拓展到硬式搖滾（hard rock）的領域，那麼麗塔福特（Lita Ford）與雌狐樂團（Vixen）就都可以算上。但聚集樂團聽起來就是跟其他金屬樂團有著本質上的差異，而這個差別的核心就在於安妮可・馮・吉爾斯伯根（Anneke van Giersbergen）的嗓音。我不確定我是否曾想過外頭還有沒有更多

像這樣的樂團，而發現有另個類似的樂團讓我既興奮又震驚。我想知道日暮頌歌聽起來是什感覺的心情，迫切到我在沒試聽的狀況下去「盲買」了他們的 CD。然後我就懂了。哥德交響金屬就是那種電影《第五元素》（ *The Fifth Element* ）的外星藍色歌姬引吭高唱的歌曲，或是華格納要是有破音[1] 踏板，肯定會做出來的作品，抑或是北歐神話裡的女武神在成功找敵人復仇完開車回家途中，一定會音量全開大聲播放的那種樂音：稠密、史詩般、浮誇的編曲，用旋律悠揚的恢宏感取代剛猛有力，再搭配細膩如歌劇般的女聲或男女對唱。我欲罷不能。那時已經是網路的時代，所以我可以上網去查詢日暮頌歌的其他專輯。或者應該說我原本可以這麼做，前提是我沒有把他們的專輯買齊。但我已經買齊了，所以我現在很令人失望地只是日暮頌歌的一個普通專家，沒有能跟我認識的其他人拉開距離。

網際網路表面上是一種傳導個人知識的超導體，但在其表面下流淌的資料，其實是力量更加強大的一種集體知識。

最簡單的一種集體知識，就是熱門程度。這一點非常容易被低估，尤其如果你有了點年紀的話。要是你去看今天的全球前五十名流行歌曲，然後一首都不認得的話，那恭喜你是個不為流行趨勢折腰之人，但現在給我去聽榜上的歌曲你就當作是自己的太空船燃料耗盡，趕緊去惡補一下自己即將要迫降於一顆怎樣的行星。

持平來講，現在的排行榜已經跟從前不太一樣。在過去，我

▷ 串流音樂為何能精準推薦「你可能喜歡」

是說一九九一年之前，就算是貴爲《告示牌》的官方音樂榜單想要蒐集集體知識，社內也得派人在每週的尾聲打電話到一家家唱片行，請唱片行隔著電話報上他們前三十名的暢銷專輯名。實體銷售資料直到一九九一年才開始直接納入榜單計算，下載音樂銷售要到二〇〇五年，串流要到二〇〇七年。即便到了今天，以上種種資料集都還是以整合的狀態來到《告示牌》的手中：清單裡是一首首歌曲與它們的播放次數，而不是個別播放的原始資料。拿著整合資料，你判斷不出它是怎麼產生的。也許有一千個人各自獨立地搜尋了、找到了、播放了一首歌曲。也可能是你播了兩次，藝人本人的媽媽播了九百九十八次。又或許那首歌是夾在被十萬人播放過的一張播放清單中，但只有其中的九萬九千次來得及在播到三十秒之前跳到下一首。

實際的播放資料會讓我們在製作榜單時有更多選擇，比方說我們可以按播放次數來排序，可以按聽眾人數來排序，也可以按播放次數排序但限制每人每天的最高計算次數，這是爲了降低粉絲大軍循環播放自家偶像新歌會產生的扭曲效應。只要把按每名聽眾訂閱服務的地區去拆解播放次數，你就能瞬間自動取得每個國家的在地榜單。你只要按比例去計算每次播放距今有多久了，

---

① distortion，通常是指把混音器或是音箱開大聲，導致裡面電路過載而造成的那種聲波壓縮、扭曲的效果。

就可以立刻得出一張當紅的歌曲榜單，而不是隨時間累積最多播放次數的排行榜。

　　然而這種種版本的熱門指標，都還是計數。上到第二級的集體知識是所謂的連結性。人聽音樂不是亂聽的，他們有各自的品味。喜歡日暮頌歌的人，往往也會同時喜歡其他的金屬樂團，特別是其他聽起來像日暮頌歌的金屬樂團。個別的日暮頌歌粉絲多半也會同時喜歡其他聽起來不像日暮頌歌的音樂，但在日暮頌歌粉絲A同時喜歡多明尼加嘻哈、紅髮艾德與荷蘭交響金屬樂團黯黑史詩（Epica）與致命誘惑（Within Temptation）的同時，日暮頌歌粉絲B則可能會同時喜歡鄉村饒舌、前迪斯可時代的比吉斯樂團（Bee Gees）歌曲，還有荷蘭交響金屬樂團黯黑史詩與致命誘惑。由此只要統計分析足夠先進，我們就有可能找出這兩名聽眾的共通點。

　　當然啦，區區兩個人不夠你去進行「非顯而易見」的統計，但別擔心，因為日暮頌歌有兩百萬名聽眾，而這兩百萬聽眾可不是只認識黯黑史詩與致命誘惑。從首張專輯《折翼天使》（*Angels Fall First*）起就追隨起日暮頌歌的芬蘭粉絲可能會認識芬蘭樂團孤寂戰士（Tacere）與混亂魔法（Chaos Magic）。墨西哥的哥德金屬粉絲可能會沒聽說過孤寂戰士與混亂魔法，但他們有機會知道維拉克魯茲[2]的要塞樂團（Fortaleza），或是出身墨西哥首都墨西哥城的爾澤貝斯樂團（Erszebeth）。有些日暮頌歌粉絲知道的樂團，日暮頌歌本身反而本來不知道，至少在此之前不知道。

在前串流時代蒐集真正分散的知識，可以是一件苦差事。你可以問人他們知道什麼，但你首先必須找到他們。我就問，你要怎麼把日暮頌歌的粉絲通通找出來？你可以跟著樂團四處巡迴，然後拿著寫字板站在演唱會外面訪問進進出出的歌迷。但我們好奇的可不只是日暮頌歌一支樂團，而是想調查所有的樂團，難道你要跟著一千五百萬名藝人全世界跑透透嗎？

但反正現在有了串流，我們能夠知道的事情一下子就多了。我們現在知道哪些人播放過日暮頌歌的曲子。我們知道他們播了多少首，多久播一次。我們知道這些人還同時播放了哪些藝人。我們只要計算這些資料的重疊處就完事了。

不過，若你曾在購物網站看到「買了這些綠色藍牙耳機的人，也買了那個烏龜形狀的筆電架，以及那些用來切絲的食物處理機刀刃」，那你就知道光計算資料的重疊處是不夠的，尤其是產品購買人數還不太多，或是這些產品間的熱門程度差異很大的時候。也許每個在這家線上商店買過那個筆電架的人都也買了那些無線耳機，但這裡的「每個」可能就是兩個。而且其中一個後來還把耳機退了。至於另外九十八個人則只買了耳機，沒買其他的。

我們在音樂這一行，有個比購物網站推薦無線耳機或切絲刀

---

② Veracruz，墨西哥的一州。

刃時有更大的優勢，那就是人們聆聽音樂的頻率要遠大於購物的。我們想調整演算法的效果，只要改動一下計算的門檻就行。把聽過日暮頌歌任何一首歌的所有聽眾都納進來，我們就能一個不漏地抓到所有日暮頌歌的鐵粉，但當然這裡頭也會夾雜所有只隨機在二○一八年某張電玩遊戲原聲帶上聽過一首日暮頌歌作品的人，以及所有甚至不太常聽金屬音樂，但是在某張夜店金曲合輯中聽過一首經 DJ Orkidea 進行了出神風格混音的演奏版〈掰掰美人〉（*Bye Bye Beautiful*），但他們其實也不知道自己是在聽日暮頌歌的人。反之若我們只納入那些至少完整聽過日暮頌歌每張專輯一遍的人，那我們會得到一組規模小很多的群體，而他們集體專業知識的領域是更窄更深入的。可能有點窄過頭就是了。這當中很多人都是非日暮頌歌不聽，而這點固然不會讓日暮頌歌不樂意，但對知識的蒐集就不是什麼好事情了。

然而在這兩個極端之間，我們有很大的彈性去平衡廣度與精度。你愈是要求一個人要聽過某位藝人的多少歌多少次才能算是粉絲，你的門檻能篩選出的粉絲就會愈少，而這麼一來，能有足夠粉絲去讓重疊計算顯得有意義的藝人數量也會愈少。但這個門檻的高低，我們也是可以控制的，所以我們可以說只有在近一個月內播放過該藝人歌曲一百次的聽眾，才能算是超級粉絲，但只要有十個超級粉絲重疊，我們就可以推測這兩個藝人有相似性。又或者我們可以說任何人只要播過三首不同的歌曲，就可以算是某藝人的普通粉絲，但普通粉絲要重疊一千名，我們才能推測這

兩個藝人有某種相似性。

我們甚至可以更進一步考慮那會不會是一種雙向不對稱的相似性。日暮頌歌有兩百萬歌迷。某種程度上受到日暮頌歌啟發而成軍的奧地利交響金屬樂團亞特蘭提斯之夢（Visions of Atlantis），則只有十萬歌迷。如果這當中有兩萬人是兩邊都聽，那就代表亞特蘭提斯之夢有兩成歌迷也聽日暮頌歌，這比例相當可觀。但日暮頌歌這邊就只有一％的聽眾也聽亞特蘭提斯之夢。

Spotify 上的「粉絲也喜歡」（The Fans Also Like）是我從回聲巢時代起就開發過多個版本的功能，結合了這兩個因子：共有的粉絲人數、共有的粉絲比例。如果你把這兩者的平衡一路朝「共有的粉絲人數較多」移過去，那麼幾乎所有好像有點紅又不是太紅的流行藝人都被評為類似亞莉安娜，因為不管你另外還喜歡誰，大家多少都會聽過幾首亞莉安娜的歌曲。要是你把這個平衡一路朝「共有的粉絲比例較高」移過去，那你得到這樣的結果：和蕾哈娜最相似的歌手，竟是是一個在 Spotify 上只有一首歌的歌手，重點是那首歌還是她在《美國好聲音》預賽時翻唱蕾哈娜的歌。只有蕾哈娜的歌迷會在乎這件事。這兩種極端都不是你在探索音樂時真正想要的結果。怎麼拿捏這兩種因子的比重，並沒有什麼神奇的科學可以替我們決定，但找出一個既能傳達音樂本質又能轉換成數學的絕妙平衡，是很有趣的人類任務，剩下的就可以放心交由電腦去處理了。針對「粉絲也喜歡」，我們調整了數學算式，讓一名藝人本身愈是熱門，他的「粉絲也喜歡」清單

上就會愈多大牌的藝人。選秀節目的參賽者會互相出現在彼此的推薦中，而蕾哈娜與亞莉安娜會出現的推薦則是麥莉‧希拉（Miley Cyrus）與妮姬‧米娜（Nicki Minaj）。聽日暮頌歌（兩百萬粉絲）會被推薦黯黑史詩（七十萬粉絲）。聽黯黑史詩會被推薦荷蘭樂團德蘭（Delain；三十萬粉絲）。聽亞特蘭提斯之夢（十萬粉絲）會被推薦瑞士樂團月神（Lunatica；三萬三千粉絲）。順著連結漫遊，你會發現自己慢慢按熱門程度的高往低走，從大眾普遍喜好朝小眾專門領域前進，而這種探索模式比起點來點去最後繞了一圈還是絕望回到那幾個熟悉的大明星那要來得有收穫。只要持續深入，你總有機會觸及瑞典流行金屬樂團伊卡洛斯的飛行（Flight of Icarus），他們只有幾百個粉絲，少到他們還能把提到他們音樂的每一則推文都讀完，包括有一則是我說他們二○二一年的歌曲〈我們的燃燒之星〉（*Our Burning Star*）是有史以來寫得最棒的歌。

如果我必須快速從零開始重建一個串流服務的使用者介面，但又能利用所有現有的資料，那我會從三樣東西切入：搜尋、熱門程度、相似程度。搜尋會把你彈射到超空間中，流行性會統整出最適合你降落的地方，然後相似性會讓你走馬看花，慢慢研究出自己身處在哪裡。相似性無法每一次都解釋清楚何以兩件事情會彼此相關，但作為一種聽音樂的方法，並列有時會比多加解釋更有用，同時比起一次次去解釋，並列也是一種更可以大規模為之的做法。就靠著這三種演算法，我們就能創造出一個可供人悠遊其中而深感神奇的世界，裡面滿滿的都是你憑一己之力絕對找

不到、好聽到難以想像的歌曲。

當然想永遠只靠三種演算法打天下，是不可能的。Spotify 的「每週新發現」在概念上是以集體知識跟相似性作為基礎，但基於過去種種原因，「每週新發現」採用了一種完全不同於「粉絲也喜歡」的做法。相對於以藝人間的粉絲重疊狀況為基礎，「每週新發現」是基於聽眾自製播放清單間有哪些歌曲同時出現。而且它不像「粉絲也喜歡」那樣使用簡單的數學算式，「每週新發現」採用一種名為「向量嵌入」（vector embedding）的電腦科技技術將每一樣東西（此例中是指歌曲）轉換成一串數字，也就是將詞語轉換成數字向量。

向量嵌入對運算任務來說超級有用，主要是向量嵌入的資料可以供人去測量事物之間的距離，且其靠的是將兩樣東西的清單取來，排好兩邊對應的數字，一一算出每對數字的差，得到這些差的平方的總和，然後再取總和的平方根。但這種計算也有其不好掌握之處，主要是比起止痛藥可以用劑量跟藥效持續時間去測量，歌曲的維度並不是那麼一目了然。即便是想針對像速度這種定義十分清楚的概念去把整首曲子化約成一個單一的數字，都是一件很令人頭痛的事情，畢竟曲子是會變速的。作為人類聆聽者，你我可能會把兩首獨特的歌曲連結起來，只因為兩名歌手有著相同的口音，或是因為兩首歌的過門類似，但電腦不知道這些元素影響我們的程度會超過整體的編曲或牛鈴的用量。或是兩首

歌曲可能幾乎在方方面面都一模一樣，除了一個我們人類才會想到要去形容這些歌曲的維度，但那個維度是歌詞的語言，而就因為歌詞的語言不同，一首歌會成了讓你充滿代入感的情歌，另一首則讓你感覺你人早就應該到海灘了，但這會兒你人卻在枯等著不知道跑去哪裡了的計程車。

　　大部分與音樂相關的機器學習流程在處理這種音樂維度之不確定性的時候，也都會把這部分的流程移交到數學之中，由數學所代表的自動化系統去一方面確認出這些「維度」，一方面計算出每首歌在這些維度中的位置。因此，單個數字與其說能對應那些可解釋的音樂特質，不如說更像資訊拓樸[3]般描述訊息結構與關係。向量中的第一個數字不會是音量大小或斑鳩琴的音色或性感撩人的程度，那只會是一系列無名抽象數學概念中的第一個。這意味著你沒辦法去檢查它們，而你只要捫心自問自己受不受得了這一點，就可以知道自己內心究竟更是個音樂宅，還是個工程師。工程師會告訴你只要結果是好的就行了，而「每週新發現」可是出了名受歡迎，所以你就別糾結了。

　　但這至少在道德判斷上與審美上，屬於一種過度簡化。以向量為基礎運作的「每週新發現」功能，其概念是你取出某個聽眾播放過的歌曲，然後找出有哪些歌常跟這些歌一起被放進同一個播放清單中。現實是偶爾你確實能如願以償。與最流行的歌曲最相近的那些作品，多半會出現在數以千計個相同的播放清單中。但也有的時候你會被推薦一些歌曲，而這些歌平常根本不會和你

聽的歌出現在同一張播放清單裡。這些歌曲之所以推薦給你，只是因為在難以理解的電腦科學運算下，它們恰巧得到跟你所播放的歌曲很類似的數字序列。對這種數學化的抽象處理，文化之間的界線根本不存在。一首鮮為人知的芬蘭金屬音樂可能會讓你被推薦一首拉脫維亞的出神電音國歌，外加一首動畫原聲帶的演奏曲。它們的「接近」就像有個陌生人住在一條你從來不會走進去的巷子裡，但你們兩人的住家其實只相距兩個街區。

但如果你喜歡的是已有很多聽眾做了很多播放清單的音樂，譬如低傳真布魯克林風的獨立搖滾，那麼向量法就可以在向量空間中產生出一處擁擠熱鬧的抽象鄰里，而這種籠統的配對邏輯便會帶來適度的隨機性，能抽取出那些在文化上與你所知相近，但又不至於近到一點都不出乎你意料的歌曲。向量距離在計算上的不準確性，有時恰好是讓「每週新發現」這種產品功能得以成立的原因。

但如果你聽的歌比較冷門，或同時喜歡聽的某些音樂類型不是那麼主流，那麼原本可以順利為獨立流行音樂粉絲找到陌生驚喜的同一種籠統配對邏輯，就可能在面對一名哥德交響金屬與烏拉圭鐵克諾[4]的粉絲時，推薦給他俄羅斯民俗舞曲。俄羅斯民俗舞曲是一種很棒的音樂，對任何已經接受哥德交響金屬與烏拉圭

---

③ topology，拓樸學又名位相幾何學，簡單來說是指研究空間跟維度的學門。
④ techno，電音音樂的一種，主打高科技氣氛。

鐵克諾的人來說，他們絕對應該給俄羅斯民俗舞曲一次機會。事實證明我格外欣賞列金卡（lezginka）這種喀喀作響的高加索六八拍的劍舞舞曲，而且喜歡的程度甚至超過烏拉圭鐵克諾，只不過還是比不上我對日暮頌歌或伊卡洛斯的飛行的喜歡。相對於用電腦去讓汽車自駕，或是去進行金融精算預估，使用電腦來推薦音樂有一項眞的很大的好處是，不論如何出來的東西都是音樂，而不會是被車輪輾過去的烏龜或想保壽險被退件。但如果你是在蒙特維多[5]的一名新進鐵克諾製作人，那麼你最值得期待的粉絲都在從「每週新發現」被推薦滿滿的列金卡舞曲，而不是推薦你的作品，那你恐怕就笑不出來了。就連對布魯克林的獨立流行樂團來說，這套系統的實際運作方式使其在音樂文化傳播上像是在玩樂透彩。某個樂團可能會登上五萬名使用者的「每週新發現」，而另外一支在現實世界中的發展程度與之並駕齊驅的樂團則可能只上得了五十個。換句話說，作爲一個樂團，你所從事之工作的質與量，並不見得能決定你中獎的機率。樂透可能就所有人都有機會中獎這一點上，是公平的，但這並不等於樂透就能很公平地去進行資源與曝光量的分配。今天如果有一家一千人的公司不發底薪，但會每個月徹底隨機抽選十名員工瓜分所有的獲利，你願意去嗎？你可以說做音樂本來就是個有點像樂透的行當，但這也不表示這樣就好棒棒。

　　而雖然我們會有點忍不住想把事情怪到演算法的頭頂，但不論是樂透效應或俄羅斯民俗舞曲都算不上是技術上的失靈。演算

法只是在做它該做的事情。決定把演算法的產出放進播放清單，然後貼上個標籤說這叫「特別爲你挑選的新音樂和新探索」的，是人。這話說得很動人。但它符合事實嗎？這個嘛，你的被推薦清單是你收聽資料被餵進機器裡，所得到的結果，所以你要說它符合事實，絕對有一定的道理。重點在於我們說起「挑選」，指的是什麼。如果有個人類說他們替你挑選了一些歌曲，你可能會播了個第一首，然後問說：「OK，你爲什麼挑這一首？」，並期待對方給你一個說法。「粉絲也喜歡」的演算法有著明確的理由。「每週新發現」的演算法則沒有。根本性的問題在於在歷經這些種程度的迂迴與黑箱運算，得出的向量距離是否仍能算得上是一種集體知識，抑或我們已經一腳跨進了機率的範疇。「每週新發現」是在推薦這些歌曲嗎？抑或它只是在說你有機率會喜歡這些歌？答案是兩者皆非，事實上它在說的事情比較接近「有些人喜歡這個系統替他們找來的歌曲，而你或許就是其中之一」。難怪他們不讓我寫行銷文案。

用來生成「每週新發現」的同一個向量嵌入系統也在某種程度上被 Spotify 用來生成「新歌雷達」這個自動化兼個人化的新發行歌單。新歌雷達的基本宗旨至少在名義上，並不同於「每週新

⑤ Montevideo，烏拉圭首都。

發現」。新歌雷達主要並不是要替你找你不熟悉的音樂，而是要從你已經喜歡的藝人處找尋新歌，由此新歌雷達也有一個強有力的主旨，那就是：絕對不漏掉任何一個你所愛藝人的新歌。

這種目標看似簡單明瞭，但做起來相當困難。你的串流平台知道你都串流播放了些什麼作品，但他們並不知道你在加入平台之前喜歡過什麼。他們不會知道你在車裡的 CD 音響上或在地下室的黑膠唱機上，都播過什麼。你成為平台會員可能只是半年前的事情，而你最愛的樂團已經三年沒出新作了，於是乎你完全沒有用串流聽過他們的歌曲。在前串流時代，我或許可以自信滿滿地跟你說我從來不曾六個月不聽日暮頌歌，你也無從懷疑或反駁我。但現在的我就沒辦法這樣信口開河而不被抓包了，而資料也證實了我確實有過一次一年多沒播日暮頌歌作品的記錄，時間就落在他們二〇一五年的專輯《無盡的美》（*Endless Forms Most Beautiful*）與二〇二〇年的回歸作品《人性。：II: 天意》（*HUMAN.: II: NATURE*）之間。Spotify 對於我樂迷生涯中的串流部分有著極其精確的掌握，但對其餘的部分的無知就像一個巨大的黑洞。我第二喜歡的日暮頌歌作品，是他們翻唱北愛爾蘭歌手蓋瑞・摩爾（Gary Moore）的〈山丘另一端的遠方〉（*Over the Hills and Far Away*），而這歌在當時有好幾年的時間都沒上串流，但我夠有先見之明，或者該說夠信不過這個世界，於是我留下了收錄這首歌的迷你專輯 CD。就這樣，我當時仍在線下繼續聽著這首歌曲，但是 Spotify 不知道。所以說，新歌雷達會從你追蹤的藝人開始

推薦起，或是從你向來常播的藝人推薦起，電腦打的如意算盤是從這兩項鐵證去判斷，你肯定會樂見有人告訴你這些藝人出新歌了。但如果這兩方面的線索不足以提供夠多的新歌去填滿推薦清單，那系統就會動用「每週新發現」風格的向量嵌入距離去找尋更多歌曲。而這些新歌曲與其說是推薦，不如說有點在亂槍打鳥，系統賭的是自身的不精準與資訊的不完全可以兩相抵消，然後在未能找到你不熟悉之歌曲的同時，恰好也為你找到了某些確實符合你需求的東西。很顯然這種做法在大部分時候，都不可能行得通，而且是兩條路都行不通。這做法會找來一些你不知道的樂團，而他們的歌曲你或許會喜歡，但肯定沒有在引頸期盼；同時這做法還會不時錯過一些你喜愛的樂團。但就是這樣的新歌雷達還是可能為你帶來一些樂趣，所以嘗試一下無妨。

一旦你明白了新歌雷達是如何組建的，你就不難看出其歌曲清單中可以分成哪些區塊。首先你會看到你已經在追蹤之藝人的新歌，然後會是你沒有追蹤但有播放過之藝人的新歌（按你播放過的量排下來）。等藝人的名字你認不出來，就代表你進入了第三區塊，也就是亂槍打鳥區。再往後就是你的自由活動區，你可以瀏覽清單中還有沒有你熟悉的名字。要是沒有，你就聽聽看有沒有你莫名感覺到好奇的曲子，要是實在沒有也可以放棄。

更一般地說，即便是遇到軟體的設計者選擇不用太多的解釋去煩你的時候，你也可以做一件事去讓自己順利參與進演算法的中介，那就是記住一件事情：模式就只是模式而已。只要你明白

模式都在做些什麼事情，那它們就可以服務到你。「你會喜歡這些歌曲」、「你應該要聽聽看這些歌曲」、「跟你一樣也喜歡那幾種音樂的人喜歡這些歌曲」與「我們跑了一個無從預測的電腦程式，而這就是它跑出來的結果」等都是人類的價值賦予。電腦程式沒有內建的人性價值。它們不知道什麼是愛，也不具有會說出「你會喜歡」或「你應該聽聽看」等話語的情感。那些電腦程式裡的資料都對應著某些活人，而要是你能一對一且直接地跟他們對話，那他們多半可以提供你更有心也更細膩的推薦，但你做不到這一點，因為他們人在芬蘭、在烏拉圭、在達吉斯坦（Dagestan）。但他們給出的音樂無所不在。電腦其實並不知道你會不會喜歡這些歌。那些人也不知道。但你喜歡的可能性總是存在。我的建議是，你可以去試試看。

#第17章
沒有牆就沒有門

關於彼此與世界，音樂告訴了我們什麼

　　回聲巢當時還是間小公司，擠在麻薩諸塞州桑莫維爾某地鐵站後面一棟透風磚造老房子裡的兩個大房間之中。我們從世界各地蒐集音樂資料，但我們的做法並沒有多麼不同於新英格蘭的冷風從鉛框玻璃窗中透進來的過程。我的意思是說，你想不讓資料進來，其實還困難得多。整體而言，我們不太會知道某個特定的資料來自於哪個地方，所以我們也沒辦法跟你分享太多關於資料的地理出處。

　　被 Spotify 收購有其在企業營運上與作業程序上，顯而易見的好處。但對我作為一個好奇心爆表的樂迷而言，興奮到像看到煙火的感覺來自於可以接觸到來真實、未經預先處理、有定位過，且來自於世界各地的收聽資料。最終我將可以親身見識到各個地方的人，比方說菲律賓人，都在聽些什麼。我甚至不需要為此流

一滴汗，因爲只要是 Spotify 的業務已經插旗了的國家，他們都爲其建立了國家排行榜。我只需要瀟灑地滑下國家清單，點進「前五十名—菲律賓」，然後按下播放。

然後我就聽到了小賈斯汀。沒錯，好吧，也是啦，小賈斯汀本來就是紅遍全世界，而全世界也包括菲律賓。事實上紅遍全球的音樂可以做到全球化，Spotify 本身居功厥偉。眞要說在許多國家，很多人之所以註冊成 Spotify 的會員，十有八九就是因爲他們有興趣更了解全世界的音樂。我們可以合理認爲在菲律賓，許多「小賈信徒」[1] 都很爲能看到他們的少主登上本國第一名而驕傲不已。我對這些都沒有意見，我只是覺得那跟我在這個瞬間的預期有點落差。於是我按下了下一首。

然後我聽到了德瑞克。事實上用目光往下掃過這排行榜，我發現上頭幾乎沒有我不認識的曲子。我記得沒錯的話，那天的「前五十名—菲律賓」榜上不多不少，就只有兩組菲律賓藝人。

於是我意識到我眞正想知道的，並不只是菲律賓歌迷都在瘋什麼曲子，我想知道的是菲律賓瘋得跟其他地方有什麼不一樣。我想知道在菲律賓，大家有沒有喜歡什麼其他地方的人都不知道的東西？想知道有什麼歌曲在菲律賓很流行且只在菲律賓流行，最簡單的辦法就是把全球前五十名從菲律賓的國家榜中過濾掉，看看能剩下什麼。

這除掉了小賈與德瑞克，讓一些原本被擠出菲律賓前五十名的在地藝人浮出了水面，但基本上那仍舊是一張十分全球化的榜

單：吟遊詩人樂團（Passenger）、解密兄弟樂團（Disclosure）、黛咪・洛瓦特（Demi Lovato）、亞莉安娜。如果把全球前一百或兩百名都濾掉，我們會看到的是混合甜心（Little Mix）跟山姆・史密斯（Sam Smith），或是魔力紅（Maroon 5）跟巴士底樂團（Bastille）。這就是當一個看似聰明的簡單想法，結果證明既過於簡單又不夠高明時的情況。

然而即便這麼做成功了，你也只要冷靜個一、兩分鐘，就會明瞭到這技巧終究還是會不可避免地，會產生一個由美國收聽習慣制霸的「全球」榜單。Spotify 在二〇二二年第四季的財報顯示，北美地區占總聽眾的二十一％以及在付費使用者中占二十八％。任何一組在美國不算知名的藝人，在世界其他地方可能都是赫赫有名的；反過來說，以此方式製作的美國音樂榜單，實際上就等於是全球排行榜減去我們決定篩選掉的那些歌曲，並不真正反映美國音樂的特色。

我又嘗試了幾個花招，看能不能不光靠篩選，而是用數學把在地跟國際排行結合起來。這讓我看到了一些潛力，但也導出了一些怪怪的新問題。有時你會發現前十名都在伯仲之間，只要區區幾名聽眾就能讓排序徹底重新洗牌，而有時你又會發現不同競爭者之間有著巨大落差。這些都是實實在在的寶貴資訊，反映出

---

① Beliebers，believe 跟 Bieber 的複合字，小賈斯汀的粉絲外號。

人們的喜愛是如何流動的，而只使用排名的方式這些資訊都會被捨棄掉。愛，永遠都不該被丟棄。這個道理不論從全球或在地的角度來看都成立，且不論你往哪邊深究，也找不到任何讓人徹底滿意（或失望）的結果。

當你手上握有全世界的收聽資料，要回答全球收聽狀況的問題時，你實在找不到放棄的理由。每個地方都充滿了人與音樂：答案一定就藏在某處。要是那些漂亮的表面資料找不到答案，那你就抓把榔頭往那表面狠狠捶下去。或是你可以試著打打字，中間穿插著一些長時間的思考，想想自己該打些什麼內容。如果從外部的角度去觀察，兩個蠻明顯的最關鍵變因是：（一）一個國家有多少人在聽某首歌，以及（二）這個人數代表全球收聽量的多少比重。現有各排行榜只單獨使用了第一個變因，所以我們很清楚結果必然會全是小賈斯汀。

單獨使用第二個變因也幾乎是件蠢事，但我還是試了一下，因為有時候蠢事也能出落得相當有趣。收聽比率遇到絕對數字很小的時候，問題就會很大。一首歌如果只被播了一次，那其收聽量就會百分之百來自一個國家。你可以進一步去篩選聽眾的人數，因為十個聽眾裡有十個菲律賓人比起兩個聽眾裡有兩個菲律賓人，雖然算比例都是百分之百，但前者多半要比後者更能代表菲律賓的特色，但這也做法也就到此為止了，它沒辦法帶你走得更遠。

事實證明使用數學去整合實際收聽數字，效果會遠勝過用數

學去整合排名。把在地收聽次數乘以全球收聽量佔比，確實可以把小賈從排行榜上拉下來，並產生出一個新的、上頭一堆名字我不認識的前五十名榜單，其名列前茅者是 UDD 樂團（Up Dharma Down）、達溫（Dawin）、沉默的避難所（Silent Sanctuary）、顏・康斯坦丁諾（Yeng Constantino）、詹姆斯・里德（James Reid）、張金珠（Kim Chiu）、布萊恩・懷特（Bryan White）、茱莉絲（Juris）、KZ・譚定安（KZ Tandingan）與奧爾登・理查茲（Alden Richards）。

　　而這就讓我的問題比一開始更多了，只不過新的問題簡單多了就是。補充性的文化調查（譬如把上述那些我不認識的名字輸入到 Google 中）很快就確認了這前十名裡有八組是菲律賓人。達溫是出身紐約布魯克林的美國饒舌歌手，但其〈甜點〉（Dessert）一曲曾經登上菲律賓午間綜藝節目《大吃一驚》（Eat Bugala!）裡一個老牌街訪單元「大街小巷」（Kalyeserye），而該節目的主持人正好就是奧爾登・理查茲。布萊恩・懷特是個九〇年代的美國鄉村歌手，而他得以在我的新版菲律賓排行榜上擠進前十，靠的是其一首一九九九年的單曲〈上帝給了我妳〉（God Gave Me You），所以這乍看之下就是個明顯的錯誤。我浪費了點時間想搞清楚這個錯誤是怎麼出現的，然後才赫然發現這首歌同樣在《大吃一驚》裡出現過。

　　我沒去過菲律賓，一次也沒有。我對其感興趣是因為它很大，又很遠，而且我沒去過。愛沙尼亞相對之下，是個離我沒那

麼遠的小國家，而且我去過那裡一回，在那裡度了個長週末，因此我對愛沙尼亞也蠻感興趣。我是個很感性的世界村信徒，而這種個性不是每次都能提升我的工作效率。

　　但這個性確實有助於提升我想做出成績的動力。愛沙尼亞的首都塔林曾是座嚴峻、古老的要塞城市，然後在後蘇聯時代搖身一變成了個咖啡館與毛衣鋪林立的溫馨迷宮，同時愛沙尼亞語也是唯一一個會頻繁出現連續母音變音的語言（嚴格來說不是變母音而是分音符，但反正上面都有兩個點，不用分那麼細啦……）。那次我在塔林某處古城門外的一家商場內的唱片行裡買了一張在地歌手的 CD 唱片，那位歌手叫做柯莉（Kerli）。我會這麼做是因為在前串流時代，這是我每到一個地方就會進行的儀式：買一點我認為在別的地方買不到的音樂。但我看衰一名沒沒無聞歌手會永世不得翻身的能力，就跟我看好某首歌曲會大紅大紫的能力一樣，都可以忽略不計，而柯莉後來也果然以電子舞曲歌手跟流行歌曲詞曲作者的雙重身分，在全球累積了一些人氣。有段影片拍下了在美國德州奧斯汀的「西南偏南藝術節」（South by Southwest）期間，柯莉在停車場裡表演的畫面，所以你就知道這個世界有多小。但愛沙尼亞仍舊是個小國家，所以我還是很習慣將之用作為我實驗慣用的一隻白老鼠：這做法也許看似行得通，但它搬到愛沙尼亞也一樣行得通嗎？Spotify 那個禮拜的愛沙尼亞前五十名，也是由小賈斯汀拿下了第一名。榜單上只有一組愛沙尼亞藝人跟一首歐洲的電音舞曲，需要我去調查，剩下的四十八

名則完全沒有輸入搜尋引擎的必要。

用上我的新數學之後，上述這些四處霸榜的曲子都被篩掉了，剩下的只有一個卡爾－艾瑞克・陶卡爾（Karl-Erik Taukar）。他無疑是愛沙尼亞人，且擁有官方榜單上唯一一首愛沙尼亞歌曲，登上第三十一名；但到了被我調整過的新排行榜上，陶卡爾一人就獨佔了前八名裡的六名。很可惜柯莉當時沒有發片。另外有一個跟老牌英國樂團交通（Traffic）單純同名的愛沙尼亞樂團。（這其實是音樂場景封閉性的典型特徵：你會給自己的愛沙尼亞樂團取名為交通，不是因為你想要比其主唱史提夫・溫伍德〔Steve Winwood〕更大牌，而是因為你壓根不覺得自己跟另外一個交通樂團處在同一個音樂宇宙內。）有支愛沙尼亞獨立搖滾樂團叫大法師與兩頭龍（Ewert and the Two Dragons），他們的音樂節奏感強烈到讓人想跟重踩拍子，若非出身於愛沙尼亞，那肯定會紅遍全球，但就是因為他們出身在那，所以他們只能當愛沙尼亞的地頭蛇。

而說他們「只能當愛沙尼亞的地頭蛇」，我的意思並不是大法師與雙頭龍在其他地方都一點聽眾沒有。他們的〈好人倒地〉（*Good Man Down*）一曲在我的修正版排行榜上可以排名第二十六，在總計約兩萬名愛沙尼亞聽眾中斬獲了三千人，把他們自己的另外一首曲子〈（到最後）只剩愛〉（*[In the End] There's Only Love*）擠到第二十七名。但在他們底下，是一長串粉絲只有區區幾百人，簡直可以忽略不計的歌曲，其中打頭陣的那首在愛沙尼亞以外的粉絲只有八名。八名！我按下了播放鈕，開心地成為了第九名。

那首歌爛透了。我的意思是那首歌不僅不合我的口味，而是它客觀上就沒有任何過人之處。那歌聽起來就像是內建於某台合成器裡的試聽曲，而那台合成器的製造廠商作爲一個複雜而無趣的洗錢計畫一部分，原本就沒打算要好好做生意。那首歌就像是某個聲稱能預測你死期的熱線電話等候音樂，它會讓你臉貼話筒聽著聽著就失去意識，然後在你已經聽不見的耳邊輕聲說：就是今天。這種歌後面還有十二首，而且每首都出自不同的藝人。這些歌名義上不同，但聽到腦死的你根本分不出來誰是誰。

那才不是什麼地方性的音樂，那只是垃圾。而且還是很可疑的垃圾。我一開始還想不太通，怎麼會有人想去糟蹋愛沙尼亞這個中世紀舊城區內遍地咖啡館的可愛小國，但然後我想了想他們一開始蓋起這個要塞城市是爲了什麼。之後我又做了一些在此恕不詳述的事情，然後到了隔週，我的新版另類愛沙尼亞排行榜上又冒出了更多貨眞價實的愛沙尼亞音樂：塔內爾·帕達爾與太陽樂團（Tanel Padar & The Sun）帶鼻音的愛沙尼亞搖滾、梅薩托爾樂團（Metsatöll）那嘶啞的愛沙尼亞民謠金屬音樂、萊斯利·達·巴斯（Leslie Da Bass）那轟隆隆的愛沙尼亞嘻哈、珊卓拉·努爾姆薩魯（Sandra Nurmsalu）的愛沙尼亞風歐洲流行樂，以及諾埃（NOËP）的更多愛沙尼亞獨立音樂。柯莉也終於加入了戰局。她固然成爲了世界的柯莉，但家鄉父老對她並未忘情。是！答案是肯定的，這做法搬到愛沙尼亞，照樣行得通。

我在二〇二三年離開了 Spotify，此時 Spotify 已經幾乎通行於全球，包括那些你在當地還不能註冊爲 Spotify 會員，但可以從其他地方帶著手機旅行過去使用的地方。而這就牽扯到一件我從展開這個練習之後就反覆學到的關鍵之事，那是件你們可能早就知道，而且不時會對自己咕噥著的事，那就是愛沙尼亞其實既不遙遠也和我們沒什麼不同。這一點從另外一個方向去看，一直都是件顯而易見的事情，畢竟你從榜與榜之間跳來跳去，看到的都是小賈斯汀。不過話說回來，主流語言與非主流語言互相的影響力是不平等的，而且語言問題一直都是個相當複雜的因素。

　　但早年的狀況之差，絕對與現在的局面無法同日而語。我第一次對日本音樂產生興趣時，還是前串流時代，那時我能力所及最稱得上探索的事情，就是靠兩條腿走到波士頓的唐人街，選購一些便宜到讓人覺得「這沒問題吧？」的日本流行歌曲合輯CD。此舉的好處在於我可以找到一些讓我感興趣的歌曲，然而一旦我決定了我想以第十七首歌作爲契機，去進行一些「延伸聆聽」，你猜怎麼地？CD 盒的背面上寫著第十七首歌的歌手叫天野月子，但這種用漢字寫成的資訊對我來講，非常的雞肋。一來我自然是不懂這些日文字符代表什麼意思，二來更慘的是，我也沒有任何手段可以把這些日文漢字從塑膠殼下提取出來、餵給網路。我沒辦法去搜尋這些日本歌手的身分，但問題不是我唸不出他們的名字，而是我根本無法在鍵盤上輸入或複製貼上這些名字。

因爲當時是二〇〇一年，我的牛脾氣還在，所以我一不做二不休學起了日文。在利用晚間上了幾個月的課之後，我獲得了使用漢字字典的基本能力，而這就意味著給我點時間，我就可以咬著牙搞懂了天野月子是天堂的天、原野的野、月亮的月、孩子的子。日本人的名字不只是個別單字的意涵那麼簡單，不過我最終還是設法弄懂了天野的羅馬拼音是 Amano，而月子是 Tsukiko，而她的兩張專輯《莎朗・史東們》（*Sharon Stones*）與《薇諾娜・瑞德們》（*Winona Riders*）讓我不得不苦澀地吞下一個很明顯的事實：她的英文比我的日文強多了。

　　但世界上充滿了各種語言，多到我不可能在串流之前都對其有個基本的概念，而且很多語言都不是使用英文那樣的「羅馬」拼音書寫的。我替喬治亞（東歐的那個喬治亞共和國，而不是那個 REM 樂團出身的美國一州）製作另一種特別的排行榜，讓我認識了一個很棒的搖滾樂團叫 დავდავაგანი。怎麼現在我又得去學喬治亞語了嗎？這想法本身是很不錯的，因爲喬治亞的複調音樂 [2] 非常帶勁，而卡查普里 [3] 更是，就像喬治亞版的〈鱷魚先生〉（是說姆茨赫塔山貓 [4] 這名字唸起來蠻順口的）那樣，會看了眼法國吐司就說：「那才不是蛋跟麵包，這才叫蛋跟麵包。」

　　但遇到泰文的 เข ย ฃ นไข和วานช、韓文的 회사 AUTO 或甚至是 ⠇⠂⠉⠍⠪⠨⠁⠹⠂⠔⠑⠯⠸⠀⠡⠇⠀⠍，你該怎麼辦呢？這時候用硬學的可能就行不通了，至少這招不可能大量複製。所幸你現在也不用這麼做，因爲在網路已經很發達的今天，這些不同字串的

藝人名字都會直接在網上變成一個連結。

　　你不需要知道怎麼唸出、打出這些名字，也一樣可以追蹤他們。你不再非得報名夜間的語言課，好好惡補幾個月，才能獲得愛上這些藝人的特權。你還是可以在愛上這些藝人後，想要去搞清楚他們的名字怎麼唸、怎麼打，但那可以是後話，藝人本身你可輕輕鬆鬆地先愛了再說，而這對我而言，也是串流送來的另外一份深刻的大禮。

　　說起禮物，所有這些新版的另類國家排行榜播放清單內，都包括了可以排除聖誕歌曲的過濾器，雖然理論上來講，聖誕音樂並非在每個國家都是問題。但隨著聖誕時節慢慢接近，我突然意識到要是我把這個過濾器反過來操作，也就是只收聖誕歌曲，而不是只收聖誕歌曲以外的所有歌曲，然後把各國的播放次數分別加總起來，我就可以不用瞎猜，而是確切計算出哪些國家最不把聖誕節當一回事看待。

　　我是在十月底萌生這股好奇心。我原本還覺得時間尚早，但其實那一點也不早。聖誕音樂已經在愛爾蘭與丹麥佔到了總收聽

---

② Polyphony，一種多聲部音樂，主要是指音樂作品中含有兩條以上被和諧地結合起來的獨立旋律。

③ khachapuri，喬治亞人當作主食的烤餅，做法是在發酵過的麵餅上加入乳酪和雞蛋等食材。

④ 姆茨赫塔是喬治亞的一省，山貓是那裡特產的動物。

量的超過一％，且百分比還在逐日爬升。我於是不斷地把調查的起點往回推，想找出一年中這世界的聖誕音樂寧靜期，是在哪一天被正式打破的。

答案揭曉，那天是八月二十八日。有些聖誕歌曲每年每天都在 Spotify 上播放，但八月二十八日是聖誕歌曲的收聽量開始超過最低播放量基準的最後一天。我為此製作了圖表，上面的橫軸是一天天推進的日期，縱軸則是聖誕歌曲的播放量佔比，圖中一條條像蟲的線則代表著每個國家不同的播放量提升情形。

每一條蟲的起點都是左下角的附近，且全都蜷曲在零的上面一點點，接著它們會成群且糾結在一起，密不可分地在底部蠕動大約一個半月，直到時間來到十月中。然而凡事皆有例外，這當中有唯一的一個異類。那條線在八月二十九日蠢蠢欲動，貌似想衝出重圍，在三十日又抽高了一些，接著在三十一日突然像充滿幹勁地躍升，最後在九月一日急速竄升到巔峰，然後才又回歸到基本上平靜無波的高原期。

很顯然這不可能是實情。沒有人會在九月一日聽聖誕音樂。我們肯定是有某幾首人氣超高的勞動節[5]歌曲被錯誤分類成的聖誕歌曲，或是有其他諸如此類的事情。除非，等等。勞動節歌曲？我在打哪首歌的主意？黑人樂團球風火（Earth, Wind & Fire）的那首〈九月〉（September）嗎？你可能猜說這首歌在九月播放量會因為應景而變多，而你如果真這麼想，那你就對了，但這首歌基本上是歷久不衰的經典，所以九月的小高潮真的就只是稍微高

一點而已。而且〈九月〉在九月的高是平均在整個月，而不是有哪天特別高。真要說這首歌有什麼突出的表現，那也是很奇怪但也很固定地發生在十月初。

此外，這只是其中一條蟲而已。這個國家就像是無辜地被我所做的不知道什麼事情牽連，突然在九月一號出現了這種全國有三％的收聽量來自聖誕歌曲的異相。三％？！開什麼玩笑，十一月分的冰島才有這種聖誕歌曲的熱潮。

說到底，這條蟲對應的到底是哪個國家？我還沒有加上圖例，所以所有的線都還只是顏色不同而已。「PH」。但是 PH 不就是菲律賓的縮寫嗎？聖誕時節的菲律賓不會下雪，更別說九月了。他們到底知不知道聖誕節到了？

就這樣過了半小時，我還是想不出自己做錯了什麼。那之後我又充滿挫敗地估狗了十分鐘，然後我得知了一件可能包括在閱讀本書的您在內，千百萬人早就知道，而我偏偏不知道的事情，那就是：對，是真的。我犯下的唯一一個錯誤就是質疑資料的真實性。聖誕音樂在菲律賓，真不是普通的紅。而且紅就算了，聖誕音樂的季節還真就不偏不倚、像數據說的那樣從九月一日

---

⑤ 美國的勞動節訂在九月的第一個星期一。

開始。

　　收聽走勢線在八月二十九、三十與三十一日那些小小的波動，我們應該要禮貌性當作沒看見，因為在九月一日前的菲律賓聽聖誕音樂算是偷跑跟犯規的行為。但只要九月一日一到，聖誕音樂季就會立刻啟動，然後一直持續到一月多。菲律賓的聖誕音樂聽在美國人的耳裡，有一部分會很有親切感，因為那是本地的歌手唱著全球通行的聖誕題材，不過大部分的這些歌曲仍屬於菲律賓原生的聖誕音樂，當中除了英文以外，也有用菲律賓本土的他加祿語或宿霧語寫成的作品。以上這些可能你早就知道了，但現在我也知道了。

　　一等到十一月左右，斯堪地那維亞人進到他們的聖誕節模式，聖誕歌曲播放量的領先者就會三兩下換手。等聖誕節本尊到來後，最終的較勁者不外乎冰島、挪威、瑞典與丹麥。愛沙尼亞通常會很識相地退出競爭行列。菲律賓則終究會向下修正，回去跟其他過聖誕節的多數國家為伍，須知前兩個月的無敵已經夠讓他們滿足。想重溫那種感受，只能等明年再說。

　　只不過說起這個明年，在設立這個圖表蟲蟲賽跑的隔年，我就發現了有個新的驚奇在等待著我。這年我又在八月二十八日啟動了圖表，而 PH 線也一如預期地在九月一日跳起。不過這年比較不一樣的是有另外兩條線加入了九月一日起跳的行列。這兩條線的跳躍高度是沒法兒跟菲律賓比，但那種時間上的準確性仍

　　▷　串流音樂為何能精準推薦「你可能喜歡」

讓人感到不可思議。我嘆了口氣。如果這種傳統也適用於其他國家，我應該可以早點看出來吧。這到底是哪兩個國家呢？

他們是 AE 與 SA，阿拉伯聯合大公國與沙烏地阿拉伯。這兩個地方我都沒去過，但我對世界地理還算略知一二，包括我知道這兩個國家都是極具代表性的伊斯蘭國度，而伊斯蘭並不是一種會聽聖誕音樂的宗教信仰。

這年稍早，Spotify 已經在包含這兩個阿拉伯的大部分中東國家中推出了服務，所以這兩個國家在圖表上有自己的趨勢線，算是說得過去。但說不過去的是這兩條線在做的事情。又一次，我想不通自己做錯了什麼。我發現我好像一直在跟你們說一些「我覺得自己做錯了什麼，但事實證明我並沒有錯」的故事。不過我可以跟各位保證在現實生活裡，每當我好像做錯了什麼事情的時候，絕大部分時候我都是真的錯了。但這次好像真就是個例外。

估狗也沒什麼太大的幫助。你不難查出聖誕節在利雅德或阿布達比這兩個首都並不是完全沒人慶祝，也不難知道「阿拉伯文版的聖誕歌曲」並不是個完全的笑話空集合。但我只要一用「季節」與「九月」去查詢聖誕歌曲，最後跳出來的永遠還是菲律賓，而菲律賓的風土民情我已然知悉。

所以這推了我一把，讓我回到了我也許又搞砸了的念頭上，但有件事我還沒想到要去重新檢查一下。我之前算過的是總數與百分比，但我還沒有試著在把收聽量加總起來前去檢查過個別歌曲本身的狀況。在把每一層檢索埋到新的一層下面之前，永遠別

忘了再檢查一次，某個睿智的鍊金術師曾有言如斯。

　　結果我這麼一查：喔噢。我認得這些歌曲。我去年就見過這些歌曲了，在菲律賓。這些不就是菲律賓的聖誕歌曲。這讓我腦子裡冒出了兩個新問題：首先，中東的阿拉伯朋友們真的在聽這些菲律賓聖誕歌曲嗎？答案是在經過了一點追加的確認後是的，他們真的在聽。第二，中東的阿拉伯朋友聽這些菲律賓聖誕歌曲，所為何來？

　　事實證明，這第二個問題根本問錯問方向。如果是在伊斯蘭社會薰陶下土生土長的中東民眾成群且自發性地瘋魔上了菲律賓的聖誕音樂，那是會有點讓人費解。正常情況下，你會覺得會集體對菲律賓音樂欲罷不能的人，只有一種可能，那就是菲律賓人。你知道，來自菲律賓的那些人。

　　但這裡的關鍵字是「來自」。包括您在內的千百萬人可能早已知道（但我不知道），菲律賓人是全世界首屈一指的勞工出口國。數以千萬計的菲律賓人離鄉背井到外地工作，被稱為 OFWs（Overseas Filipino Workers），也就是菲律賓移工。沙烏地阿拉伯與阿拉伯聯合大公國是菲律賓移工遙遙領先的前兩大目的地，兩國的菲律賓移工都多達數十萬人之譜。Spotify 登陸沙烏地阿拉伯與阿拉伯聯合大公國都不過是幾個月前的事情，但它在菲律賓已是營運多年的服務，而且因為匯率的關係相對要便宜許多。所以雖然在兩個阿拉伯的本地使用者收聽量確實基本上不含太多的聖誕歌曲，但從老家前來杜拜建設各種賣場美食區的菲律賓移工，

帶上他們從家鄉訂閱的便宜 Spotify 帳號，在異鄉創造了一個海外的聖誕季。不管太平洋沿岸的太陽要繞地球多遠才能照到他們，他們的聖誕節都是從九月一號開始。

　　愛上這個世界可以從它的音樂開始，這可能發生在任何地方，而我不知道這種愛會在哪裡停止。這世界的轉動得如此之快，將我們拋擲四方。人類所有移民與僑居中的歷史與傳承，最終都會歸於樂音，就像一種精神上的考古線索化作煙雲，從土壤深處升起至我們呼吸間所留下的痕跡。原本的我恐怕會大言不慚地宣稱自己比一般人（或至少一般的美國人）更懂得什麼叫文化地理，但那是在我浸淫於全球收聽資料之前的事情。當然啦，這也沒什麼大不了的，愛從來就不是競賽。把整顆地球跟整顆地球上的音樂連結在一起，圖的並不是你的或我的個人利益。此舉能讓我們更像個有血有肉的人，但更關鍵的是，這麼做能改變我們認知：原來每個人都可以這麼有人情味。食物與音樂，可以讓我們就地與人建立羈絆，也可以帶著人一步一腳印地抵達千里之外。但我就問你一張嘴能吃多少飯，但歌可是可以一首接一首聽個沒完。
　　所以說對我來講，愛沙尼亞與菲律賓就是兩個起點，由之展開的是一段同時朝四面八方而去，以找到更多合我口味之歌曲為初衷的旅途，而這旅途走沒多久，就變成了一場漫無目的的探索，我探索的是大家喜歡什麼，他們又是怎麼發現自己喜歡這些東西的，乃至於外頭還有多少這種我不知道的事情。克里斯多

福・哥倫布回到了西班牙，當時的帝國統治者斐迪南一世與伊莉莎白一世開口說道，「過程順利嗎？你有按計畫屠戮跟奴役在地的居民嗎？」對此克里斯說：「我本來想，但有事搞到我忘記了。那麼現在恕我告退，我要試著往正南航行，看那能通往哪裡。要是有人在我不在的時候送來一箱箱的唱片，麻煩先幫我推到你們的王座後面。」

所以一開始只是邂逅了小丑（Joker）與艾班（Ayben）之間看似隨機且光速的饒舌對戰，後來我竟迷上了土耳其嘻哈，而我並不知道這類音樂主要是源自於德國有一整個世代處在兩種國族認同之間的土耳其移工二代。一種相對於「印尼搖滾」[6] 會是什麼的想法飄進了我的腦中，讓我間接去學習起了一次大戰後的捷克流浪音樂[7]、南斯拉夫在一九五〇與一九六〇年代出現的墨西哥馬利亞奇（街頭樂隊）浪潮，還有波蘭在一九八〇年代的蓬勃雷鬼榮景。來自里斯本一間唱片公司的非洲電音暴露了我對葡萄牙或法國的非洲殖民史有多無知，而我為了勉強把分數補考到及格，便追蹤著齊頌巴音樂[8] 取道安哥拉，去到了維德角[9]，然後又跟著祖克[10] 取道法國兩個海外省馬丁尼克（Martinique）與瓜地洛普（Guadeloupe）前進了法國本土，接著再隨庫培－迪卡勒[11] 從巴黎出發，返回了西非的象牙海岸，壓軸則是跟著阿桑托[12]，抵達了迦納。發現加拿大因紐特族人喉音歌手妲雅・塔格克（Tanya Tagaq），讓我開始找尋其他極北處的原住民音樂，並進而讓我意會到挪威、瑞典與芬蘭北部的薩米人（Sámi）不僅保存了歐洲最

古老的音樂形式，而且還將之打造成了其自身一年一度的薩米版歐洲歌唱大賽（Eurovision）。與金屬音樂關係匪淺的北歐異教民謠團體瓦爾渚納（Wardruna）把我拉進了深入淺出的維京文化復興運動，然後從另一頭出來後，我又一頭栽進了持續音音樂[13]與史詩核心音樂[14]的電影世界中。在爲了國碼的異常而一頭霧水之餘，我得知了原來留尼旺（Réunion）是法國的一個麻雀雖小五臟俱全的海外省，就像夏威夷之於美國，而且他們有一種叫「賽加」（sega）的在地舞曲，不來自同屬法國但遠在七千英里外之澳洲東側的新喀里多尼亞島（New Caledonia），而是跟鄰近的模里

⑥ Indorock，一種一九五〇年代起源於在印尼獨立後從當地返回荷蘭的殖民者，進而流行於荷蘭的音樂風格。
⑦ Czech tramping music，流浪音樂本質上是將美國鄉村音樂移植到捷克的語言與文化中，並與捷克民歌進行了融合，其中捷克藍草音樂更是流浪風格中的重要組成部分。
⑧ Kizomba，一種起源於安哥拉的流行舞蹈和音樂流派，算是森巴舞的一個分支。齊頌巴的原意是聚會。近年齊頌巴在歐洲持續演變，慢慢融合起騷莎、祖克、探戈等舞曲流派。
⑨ Cabo Verde，非洲西岸的大西洋島國。
⑩ Zouk，一種曾風行於法屬安地列斯群島（主要是當中的馬丁尼克與瓜地洛普島）的熱帶島嶼音樂。
⑪ coupé-decalé，起源於象牙海岸的流行舞曲。庫培－迪卡勒受到非洲風土影響，是一種極富打擊感的音樂風格，深重的低音與反覆的極簡編曲都是其特色。
⑫ azonto，迦納當地的一種舞曲。
⑬ dronescape，持續音樂是一種極簡主義音樂流派，強調使用持續的聲音來作曲，典型特徵是冗長的作品，且旋律波動相對小。
⑭ epicore，一種音樂類型，當中結合了金屬核、交響金屬與前衛金屬等音樂元素。

西斯一模一樣。要不是因為這樣的各種探險，我怎麼會知道自己超級喜歡現代西班牙搖滾或上天下地又而多愁善感的義大利大舞台型流行樂[15]？我又怎麼會知道日本有瞪鞋搖滾？怎麼會知道自己鮮少喜歡靈魂樂或浩室音樂[16]，但當你將兩者放在一起變成非洲靈魂樂與阿瑪鋼琴音樂，我卻能靜靜聽到一個忘我的境界？

也許這些個事情，你都早就已經知道了？但也會有些對我來講顯而易見或甚至不當回事的東西，你聽了可能會覺得振聾發聵。有一點我是十分確定的：不論你的心中是如何充滿著音樂，這個世界都會更勝你一籌，但只要你愈去聆聽這個我們共有的世界，你自身的世界也會愈發拓展出去，由此你能放進自己內心的喜悅也會變得更多，直到有一天你會再也攔它不住，只能任由它在你走路的時候，在你跟著哼唱的時候，隨你的一呼一吸一次次向外奔流。

---

⑮ arena-pop，其中 arena 的元素是指適合廣播的音樂，旨在為大量觀眾播放，如專門為人群和大型音樂會表演而設計的作品。在上世紀七〇年代蔚為主流。
⑯ House music，一種電子音樂風格，源自於一九八〇年代初至中期的美國。House 一字是出自於芝加哥著名舞廳 Warehouse，而浩室音樂最早便是指當時的駐場 DJ 融合經典迪斯可與歐陸合成器電音，所持續播放的混音舞曲。

＃第 18 章
在超空間或裡或外的城市

作為分立興趣社群的音樂類型

在回聲巢時，我們在某些領域是相當拿手的，或至少比別人拿手，主要是當時仍是音樂串流的早期發展階段，而大部分的串流平台都還沒有太多的資料可以可用。但我們拿不出屬於自己的產品，而且我們真的需要有客戶上門，所以我們總是得或多或少想像潛在客戶的需求和想法。為此，我們會私下在桑莫維爾的公司地下室裡一邊對自己唸唸有詞，一邊把咖啡煮起來。

公司兩名共同創辦人之一的布萊恩，有一台他特別喜歡的紅色 Bodum 咖啡機。這台咖啡機實在不適合在辦公室環境裡被狠操，所以我們也一天到晚把它搞得缺胳膊斷腿的。頭幾回發生這種事情，布萊恩二話不說就訂了台新的完事，但過了段時間，我們有一整個櫃子裡都是 Bodum 的機身殘骸，所以等現役的咖啡機又被掰斷或扯掉了什麼的時候，我們往往可以在舊機墳場中拼出

一些勉強可以湊數的替代零件。

　　這台咖啡機，真的就只是一台咖啡機，不是什麼意在言外的隱喻，但我們公司的發展沿革還真就與之有幾分神似之處，以至於你很難將一切都歸諸巧合。我們有一個由演算法推動的電台系統，當中有各式各樣炫炮的調整參數與限制與回饋機制。這系統通常可以用來處理我們面對的問題，而遇到它解決不了問題的時候，我們可以隨意視當下需求新增各種極客新功能，這樣一來我們的零件雜貨櫃就更能應付下一個潛在客戶異想天開或目光短淺的需求了。

　　他們大部分人都想要的，是基於特定藝人的廣播電台，因為那實在是一個很好介紹的功能。你就想，潘朵拉電台有這種功能，而潘朵拉當時還沒有被串流擊潰。

　　二〇一二年前後的某段時間，感覺是某個星期三，一個潛在客戶耐心聽完了我們滔滔不絕地說明我們酷炫的電台系統與它的種種能力，還邊聽邊點頭，彷彿我們的一字一句都非常有道理。聽完之後客人說的是：「OK，但我們想要的是某種不用調來調去的東西。畢竟是人都不想要做設定。他們想要的是，怎麼說呢，幾個你可以按就好了的大顆按鈕，漂漂亮亮的那種。一個按鈕代表一種音樂類型。按鈕上的**搖滾**字樣，代表你按下去就會跑出來一個**搖滾**電台。」

　　他說起搖滾與搖滾電台，就像在聲音中替這幾個字加了

粗體，彷彿這些詞的意思再明顯不過了。我確實聽出來了，是還蠻明顯的。他要的不是沒加粗體、有氣無力的搖滾，他要的不是偏離正統、邪魔歪道的「淆滾」。他要的是介於這兩者之間的，正宗的搖滾。

「沒問題，」我們說。「我們可以幫您安排。應該禮拜一就可以搞定。」

我們沒有笨到在人前擺起架子並大放厥詞，我們只有微放厥詞而已。但回到公司地下室，在也不曉得是哪些零組件拼裝成的咖啡機所煮出來的咖啡刺激下，我們一致認為搖滾電台是個很亂來、毫無細膩處可言的構想。音樂類型並非實際存在的東西，它們只是人們用來談論音樂的詞彙罷了。

而因為我們瘋狂把所有可能與音樂相關的網頁內容都抓取下來，所以我們對這些文字的了解絕不會輸給任何人。我們拆解了全部抓取下來的網頁內容，試圖搞清楚網頁在討論的是哪些樂團或哪些歌手，乃至於網頁對都說了這些藝人什麼，然後把東西通通送進一個巨大的資料庫。做完這些功課，我們不僅知道特定樂團最常被人用什麼樣的字眼去形容，我們還知道這些字眼有多常被用來描述所有樂團，而這麼一來，我們也就知道了每一個字對每個樂團各有何等的重要性。

這個資料庫對我們而言最大的用途，就是用人們描述藝人的字眼去判斷他們之間的相似程度民眾描述他們的文字模式愈像，藝人之間的相似程度就愈高。在我們為藝人量身打造電台的

時候，這個功能超級好用，而且這意味著潘朵拉「音樂基因組計畫」需要靠人工跟手動註記才能做到的事情我們用自動化可以馬上搞定。在不用應付潛在客戶的日子裡，我們會開心地圍坐成一圈，在那調整我們在藝人相似性系統中如何評估用詞出現頻率的方式，並爭論起兩組差異極小的結果在音樂的層面上哪組更勝一籌。誰才真正更近似凱特・布希，是大衛・鮑伊（David Bowie）或蘇珊・薇格（Suzanne Vega）。答案是鮑伊。擠壓樂團（Squeeze）真的比火花樂團（Sparks）更接近 XTC 樂團嗎？答案是沒有。

所以我們可以胸有成竹但不說破地知道當有人天真地說出：「給我們播些搖滾電台的音樂」的時候，他們的意思其實是「給我們播些動態調整的熱門選曲，且其藝人要是當紅歌手，重點是大家說起這位歌手時，『搖滾』得是出現量大到不成比例的形容詞」。在我們的資料庫裡，所有的這些字眼都不是粗體。

那也許是我們的錯，是我們點燃了我們炫炮的廣播引擎，往裡頭餵入「搖滾」這個字眼，雙手準備好演奏空氣吉他，按下播放鈕，然後就聽到……

蕾哈娜。

不騙你，蕾哈娜在當時很紅，而只要講到蕾哈娜，「搖滾」這個形容詞出現的頻率高得離譜。我們的一整個資料庫都是證據。搖滾一詞套在她身上，並不是什麼錯事。她的好幾首暢銷曲裡都

含有搖滾的元素。她有一首英文歌名全部大寫的單曲叫做〈搖滾明星一〇一〉（*ROCKSTAR 101*），而為這首歌操刀吉他的，竟然是史萊許[1]。你想要搖滾，還有比這個更搖滾的東西嗎？

但答案我們當時就很清楚。答案是你絕對可以比這更搖滾得多。若論真實性，音樂類型確實比不上吉他或地下室，但音樂類型也並不只是空泛的文字。〈搖滾明星一〇一〉是蕾哈娜一首很棒的作品，且就像英國饒舌歌手達比（Dappy）的〈搖滾明星〉（Rockstar）一曲有皇后的吉他手布萊恩·梅（Brian May）壓陣一樣，〈搖滾明星一〇一〉也是一首關於當搖滾明星的好歌，但它真就不是首搖滾歌曲，而它也決計不是誰在按下上頭印著粗體搖滾二字的按鈕時，心裡期待聽到的第一首歌。如果將之改成史萊許在槍與玫瑰名曲〈甜蜜的孩子〉（*Sweet Child O' Mine*）前奏吉他那直衝雲霄的記憶點，則會是個不錯的破題。另外像何許人（The Who）的〈歐萊利老爹〉（*Baba O'Riley*）開頭那嘰嘰喳喳的重複合成器樂段[2]，〈不只是種感覺〉（*More Than a Feeling*）或〈通往天堂的階梯〉（*Stairway to Heaven*）開頭的木吉他演出，乃至於〈水上煙〉（*Smoke on the Water*）的強烈破音效果：隨便來一個都很對味。

蕾哈娜就真的不行。這件事其實我們早該心裡有數，但現在

---

① Slash，一九九六年離團前是槍與玫瑰合唱團的主奏吉他手，曾頭帶黑色高帽演奏〈甜蜜的孩子〉（*Sweet Child O'Mine*）經典前奏獨奏。
② riff，整首歌反覆出現的樂段。

更是扎心地一目了然，那就是：哪些字眼可以形容一名藝人是一個問題，哪些藝人足以代表了一個字眼，那又是另外一個問題。而在經過多幾分鐘的資料庫查詢後，我們換來一整張清單上滿滿令人「印象深刻」的「搖滾」藝人各自以不同方式同樣不太對勁，我們才真正意識到「哪些藝人可以定義一種音樂類型」又是第三種問題。這個問題我們要在星期一給出答案。

當時的我們擁有資料庫。同時我們也很清楚那位客戶期待聽到什麼樣的藝人。我們有個藝人相似程度系統可以告訴我們把搖滾傳奇湯姆・佩帝（Tom Petty）跟史提夫・米勒樂團的靈魂人物史提夫・米勒（Steve Miller）放在一起，誰更接近林納・史金納樂團（Lynyrd Skynyrd）（佩帝比較像）。

如果只是搖滾，我在想我們當時應該可以只靠自己就列出一張清單，上面都是好的選項，而且只要五分鐘就可列完收工。但我甚至不記得我們當時有沒有冒出這樣的念頭，不過反正也沒差，因為對方要的就不僅僅是搖滾這一樣，他們還要一大堆上面都印有音樂類型的按鈕，再就是程式設計師還是喜歡在電腦程式上解決問題，輸入資料不合他們的胃口。實習生才輸入資料。

實習生我們有的是。我們很習慣一口氣請一票大學生，而且我們很常找塔夫茲大學（Tufts University），因為他們就在我們辦公室那條街的另一頭。他們往角落的長桌前面一坐，處理起了隨機又枯燥的一點一點資料，你知道，就是那種工程師會拒做，或

更可能的狀況是因為人格特質不適合而做得很爛的工作。

所以我的想法是：對於每一個我們要在星期一前弄出一個類型電台的音樂類型而言，我們會讓實習生用「笨方法」去找出五或十個最具代表性的藝人，而所謂「笨方法」就是你可以去估狗這個問題或是去查詢維基。

然後以各音樂類型的這五到十個種子藝人為起點，我們會用我們的藝人相似性系統去多找出一些類似的藝人群體。這些群體裡的每一支樂團都有其獨特的關係網，但他們所共有的特質似乎可以稱得上是搖滾。我為此編出了一些準備給系統用的數學算式，然後實習生們就開始估狗了起來。

這個辦法……算是有用吧。我們往系統裡餵入了何許人、波士頓、槍與玫瑰、齊柏林飛船、還有林納‧史金納，當作是搖滾的代表，然後我編的數學給出了廉價把戲（Cheap Trick）、瘦李奇（Thin Lizzy）、壞公司（Bad Company）、史密斯飛船（Aerosmith）與外國人合唱團（Foreigner）等推薦。

那在流行類別中呢？我們提供的種子藝人是凱蒂‧佩芮、蕾哈娜、黛咪‧洛瓦特、大賈斯汀與小賈斯汀，系統給出的推薦是麥莉‧希拉、一世代、凱莉‧克萊森（Kelly Clarkson）與紅粉佳人（P!nk）。

古典音樂呢？給莫札特、貝多芬、巴哈、韓德爾與蕭邦，我們會得到海頓、拉威爾、德布西、韋瓦第與舒伯特。

金屬音樂？等等，我們是要從黑色安息日（Black Sabbath）、

猶大祭司（Judas Priest）、鐵娘子（Iron Maiden）、塞爾提克冰霜（Celtic Frost）與毀滅大魔神（Savatage）等樂團開始嗎？還是我們應該以金屬製品、麥加帝斯（Megadeth）、炭疽樂團（Anthrax）、超級殺手（Slayer）與金屬教堂（Metal Church）為起點？再一個問題是，「金屬教堂」？！你覺得聖約樂團（Testament）的英文是這麼拼的嗎？！？

這麼做之所以能行得通，是因為雖然蕾哈娜與槍與玫瑰與瘦李奇都會被冠上「搖滾」兩個字，但關於蕾哈娜的其他形容詞算是一掛，而關於槍與玫瑰跟瘦李奇的其他形容詞又是另外一掛。你幾乎看不到有人管蕾哈娜叫「原初金屬」或「經典搖滾」，反之你也不會看見有人拿「天后」或「巴貝多」[3]去形容瘦李奇樂團。

事實上，這些模式的運作根本不涉及特定的字眼。你可以把文字換成數字，整個系統依舊會生成相同的結果。而這其實就是我們的根本問題：我們在使用「搖滾」一詞時，總想著它就只有一個特定的意思，但其實在大部分講到蕾哈娜的書寫中，搖滾都不是那個意思。

這時只要把問題翻轉一下，去從藝人而不從形容詞開始，就可以讓這種模稜兩可的問題消失。不論你怎麼稱呼何許人合唱團、波士頓、槍與玫瑰、齊柏林飛船與林納・史金納所共有的那種東西，其在蕾哈娜身上的蘊含量都不多。

就這樣我們來到了星期一，手裡準備好了**搖滾**跟另外五十種音樂類型，就好像我們一直都有這個類型電台似的。不過這些電台如果播得時間長了，聽起來確實會有點怪，所以我們沒有讓這

種事情發生。

這種做法的一大優點是雖然你選用哪些藝人開始確實有差，譬如挑選經典的重金屬樂團與挑選鞭擊金屬[4]的天團，產生的結果確實會相當不同，但集體的動態機制意味著一旦你先找到一組能產生基本合理結果的核心，那麼你就可以從中挑選出最佳的結果，將之加進種子藝人的陣容中，然後把數學算式再重新跑一遍。

我們不僅做出了一個類型電台的系統，我們還在無意間做出了一個音樂類型的建模系統。這個系統用在不同的音樂類型上，成效或許不盡相同，但基本上我們試過各種東西，大致都還行得通。你餵給它大樂團，它就會給你更多的大樂團。你餵給它立陶宛藝人，它就會給你更多的立陶宛藝人加上一點點拉脫維亞藝人但這種雖不中亦不遠矣的誤差，其實正說明了資料系統真的有用，而不是隨機在那邊亂矇。

等實習生回頭給每一類音樂挑選出二十組優質的種子藝人而非原本的五到十組系統的效果又更上了一層樓。再就是等我搞清楚了如何用數學去量化音樂類型的邊界（而不只是核心），讓系統知道在外推時要斷捨離，免得拖久了出現一些怪怪的結果，系統的效果也同樣獲得了提升。後來經過 Spotify 的收購，我們開

③ 蕾哈娜出身巴貝多。
④ thrash metal，重金屬的分支。

始可以在抓取的網頁內容以外再使用三億人的收聽模式，讓系統的威力又再獲得升級。惟不論系統如何愈來愈屬害，其由人力挑選種子藝人後靠系統以數學進行外推的基本做法歷十年而不衰，事實上由此法驅動的系統現在含有全球範圍內的音樂類型逾五千種，其中光立陶宛就有十二種。

而我也花了近十年的時間，才慢慢理解到無心插柳的類型建模系統爲「音樂類型」這種東西，嵌入了一種什麼樣的隱性定義。我們常在不經意間，把音樂類型的意思簡化爲「風格」，就好像那只是被獨立套用在每一首歌上的描述性分類。但就是這種過度簡化的做法，讓你的搖滾電台裡跑出來一個蕾哈娜。

這裡的關鍵知識，也是從種子外推出類型之所以可行的理由，就是所謂的音樂類型，其本體其實是一個社群。這些社群在歷史上通常是有著實體位置，眞切存在的音樂家社區。回到一九六八年的牙買加，你會看到那裡有雷鬼的原鄉。或是穿越回一九七六年的倫敦，你會目睹龐克音樂在那裡爆炸。但音樂早在串流時代前許久就開始了的漸次全球化，讓分散於各地的實作音樂社群有了足夠的條件，可以跟原鄉的版本一樣產生一種類型化的現象。雷鬼擴散到了巴拿馬、南美洲，然後是英國，乃至於整個歐洲。龐克（頗爲傳奇地）從紐約經由雷蒙斯樂團[5]的一場表演傳至倫敦，然後從那之後，每隔幾年就會有一波重新定義龐克的浪潮在全世界漫延開來。珍妮佛・C・里納（Jennifer C. Lena）寫過一本很棒的書，就是在講這個，書名叫《湊團：社群如何創造出

流行音樂裡的音樂類型》（*Banding Together: How Communities Create Genres in Popular Music*; *Princeton University Press*, 2012）。只可惜我是在做完了音樂類型系統後才應邀跟她參加同一場相關的學術會議，進而發現了這本書，而不是在做出系統之前就知道有這本書，否則書中的內容肯定可以幫助我很多。

作為一名頗為稀有的非學術來賓，我對那場學術會議僅有的貢獻就是這個只能算半搞笑的「音樂類型演進之大統一理論」：

（一）　首先有個現狀。

（二）　某人對這個現狀不滿。

（三）　好幾個跟某人一樣的人，從各自的不滿中找到了共通點。

（四）　某人給這個共通點起了個名字，於是我們有了個「東西」。

（五）　在這個名字出現前就在做這個「東西」的人，現在身邊多出了一些衝著這個名字刻意來做這個「東西」的人，而為區分這兩種人於是我們就有了「東西」和「現代東西」，或是「經典東西」和「東西」，具體叫怎麼要看是發生在我們大學畢業之前或之後。

---

⑤ Ramones，雷蒙斯是一九七四年成立於美國紐約皇后區的四人搖滾樂團，主要走龐克風，且被視為紐約龐克曲風的代表性團體。

（六）　　最終在「東西」的周遭蓄積了足夠的重力，讓人開始嘗試去做出一些不會被吸納進去的「東西」，於是我們就有了所謂「另類東西」，也就是一部分人聽過的「非東西」，要不就會得到所謂的「深度東西」，也就是只有做「深度東西」的那些人才聽過的「非東西」。

（七）　　到這個時候，我們可以回頭辨認出所謂的「原初東西」，也就是在「東西」出現前那些現在聽起來有點這「東西」味道的東西。

（八）　　「東西」最終會融入主流，然後我們就會得到所謂的「流行東西」。

（九）　　某些人會覺得「流行東西」玷污了整件事情，然後他們就會氣呼呼地一頭栽進「後東西」。

（十）　　但「後東西」有點讓人提不起勁，所以某些人又會開始設法復興「東西」的初衷，於是我們就得到了「新東西」。

（十一）只不過「新東西」跟原本的「東西」已經不太一樣，所以我們又得到了「新傳統東西」，好滿足那些嚮往原本的「東西」，嚮往到希望這一切都不曾發生過的那群人。

（十二）但「新東西」與「新傳統東西」都有那麼一點曲高和寡，而有些喜歡「東西」的人還是想要當搖滾明星，於是我們就有了用 Nu- 字首去取代 Neo- 字首的「另類新東西」[6]。

（十三）而凡這些全都有點分形結構[7]的特性，所以你可以用「後東西」或「流行東西」或隨便一種什麼去搜尋取代掉典

型的「東西」，反覆幾次這樣的操作後你很快就可以得到「後新傳統的流行後東西」。

里納的書解釋得比我好。不說別的，至少她就不會像我這麼愛耍嘴皮子。

串流的降臨，加上有了收聽資料可以分析，讓進入新時代的我們得以看著粉絲行動模式的展現，去認出上述的一個個社群，並進而去近一步擴大我們對音樂類型的定義。一種音樂類型，就是一個由藝人、音樂玩家與聽眾共組的社群。這三種維度可以只任取一或兩種來組成一種音樂類型，但大部分的音樂類型都牽涉到這三種維度的某種組合。一種音樂類型的發軔可以像雷鬼或龐克那樣，是以藝人的社群起頭，但這些藝人的粉絲會糾集成一個聽眾的社群，然後這個社群會發展出自身的集體品味。抑或，換一個方向，一種音樂類型可以首先集結在一個聽眾社群周圍，一如被稱為 orgcore 的粉絲就是在 punknews.org 的網站讀者之間以對「粗魯旋律龐克」的共同喜愛為中心，慢慢聚集起來；或是像

---

⑥ 像上世紀九〇年代起就有所謂的 nu-metal，這是一種擁有大部分重金屬經典元素，但又融合了饒舌與嘻哈影響的金屬樂分支。

⑦ fractal，一種數學概念，即分裂出來的東西是原本東西的等比縮小，以至於所有的分支都依舊具備原本的型態。

被叫做 ecto 的粉絲是以為美國歌手哈比・羅茲（Happy Rhodes）
創立的郵寄清單為中心，逐漸聚集起來。但這些聽眾很快就都會
從找音樂聽變成讓音樂來找他們。

　　《噪音一把抓》（*Every Noise at Once*）是一張由我用演算法為
這些音樂類型生成出來的散布圖，早從它音樂類型只有幾百種
的時候就相當龐大了，而隨著每一種新的音樂類型被我們加進去
都會自動再放大一些。二〇一三年，我第一次將之放到網頁上的
時候，其大小在筆電螢幕上感覺剛剛好，喬都不用喬，但沒有太
多的功能就是了。後來累積到幾百種音樂類型，我一點也沒有覺
得差不多了。數量來到八百，我想的是先來個一千吧。等過了
一千五，我索性放棄了去想音樂類型的總數天花板實際能有多
高，且不論實際這兩個字該如何定義。音樂類型同時存在於許多
同時存在於多個不同大小分類上，從單純的「流行歌」到吃純素
的「直刃族」[8]，而每一名藝人（或聽眾）都可以分身有術，同時
是不同類型的成員，且這些不同類型的重疊程度可以極大，也可
以小到不能再小。
　　有興趣的朋友去 everynoise.com 上看看，你會發現這張地圖
在電腦螢幕上，已經塞不下了，甚至你要說這圖能不能真的一口
氣塞進人的大腦，可能都有得吵。這種有趣的資料視覺化能變成
一種音樂體驗，是因為我想通了如何在你點擊一個音樂類型時就
會播放該類型的代表歌曲。一張高解析度的類型名稱地圖能變成

一個探索的環境，是因為我靈機一動想到要以遞迴的概念去把繪製類型地圖的同一個演算法，套用在構成各種音樂類型的藝人身上，然後也繪製出一張地圖。而這種試聽環境會慢慢變成一個完整的收聽環境，是因為我開發出各種辦法能自動為每種類型生成實際的播放清單，而不是一直在預覽的片段中快速瀏覽。

這個系統與其運作邏輯都是我的手筆，但在回聲巢與 Spotify 的許多人都參與了個別音樂類型定義的建模與微調，其中用力最深的莫過於我那好像機器人一樣都不會累的搭檔尤里西斯，他幾乎是以一己之力，把我們從一千五百種帶到了五千種。我們會一邊看著新類型嶄露頭角，一邊就將之加入地圖。我們會一發現舊的類型有所闕漏，或是一發現舊類型的音樂在串流平台上姍姍來遲地上架了，就立刻在地圖裡補上。我們會隨著串流伸出的觸角，在地圖上加入新的社群，而這也就讓我們有了能力去聽見這些社群的聲音。everynoise.com 站上有一個網頁會按我們創造音樂類型的順序去把它們顯示出來，且頁面上並沒有提供每種音樂類型的人類選編者是誰，但你絕對找得到尤里西斯是在二〇二二年

---

⑧ vegan straight edge，維根主義直刃族，始於上世紀八〇年代，主要是吸毒在當時的美國年輕人之間蔚為風潮，導致美國硬核龐克樂團輕度威脅（Minor Threat）的主唱伊恩・麥凱伊（Ian MacKaye）發起了直刃運動，旨在降低慾望，回歸生活的素樸，提倡不吸毒、不抽菸、不喝酒、不濫交。此外該運動也倡議動物權，為此他們不吃肉類製品，也不穿戴動物製成的衣物，力行所謂的維根主義。

的哪一週在看了一大堆卡夫卡的書以後，打算要到這位大作家的出生地布拉格走走。我們名義上的目標是要把所有存在著的音樂社群都建成模型，而且最好是不用一一去現場勘查。很顯然我們還沒有達到這個目標，也說不定我們永遠到不了那個目標。

不過，我在嘗試這件事的兩種互補動機之間擺盪。

對想要為每位聽眾找到更多他們可能會喜歡的音樂，也為每個藝人找到更多可能會喜歡他們之歌迷的串流平台而言，一個務實的動機是我們能夠建模的社群愈多，並且我們建模的準確性愈高，那我們就有愈好的機會可以為每一位聽眾與藝人找到他們所屬的特定社群，即便他們自己也還不知道這種社群存在不存在。

在唱片行裡，那些標籤上只有短短三言兩語的唱片箱下輩子也做不到這種程度。面對實體庫存，一個很棘手的問題是你需要每張唱片都擺到同一個確切的位置，乃至於有個實務問題是大部分消費者都想在無需歷經繁複命名體系的狀況下，就知道要去什麼地方找到特定的藝人作品。索引卡從來沒有能夠在書店裡紅起來，不是沒有原因的。你問什麼原因？就是連鎖速食店比圖書資訊管理學系受歡迎的同一個原因。

然而作為一個習慣了金屬樂只能與流行、搖滾等類別混在一起的金屬樂迷，我忘不了在異鄉城市走進陌生的唱片行，赫然發現他們有獨立的金屬音樂區時，湧上心頭的是什麼樣一種中了大獎的興奮感。「金屬」直到今天，都還是一個模糊而籠統的分類，而我也

決計不是所有的金屬樂都照單全收，但一個金屬音樂區的存在意味著我會至少試著去把裡面的東西都翻翻看。這表示著作爲一名金屬樂迷，我可以假設這個部門裡面的每樣東西都有「是我的菜」的潛力。至少我不會在那個部門裡聽到迪斯可或斯卡[9]的東西。散落在以字母排序的主流唱片箱中的金屬音樂唱片，不至於讓我找不到（前提是我覓之有道），但找的過程比較折騰是免不了。能在唱片行裡發現金屬音樂區，對我而言就像是登上一座島。我可能在其他食物中嘗到過這座島特產的香料，並從那味道推導出這世上有這麼座島。只不過我壓根沒想到這島我能有朝一日親眼見到。

音樂類型的建模，就像把這種激動的感受複製好幾千遍，那種「不會吧」的感受會讓當年買唱片的我有種很不眞實、連想都不敢想的感覺。沒有哪家唱片行會專門弄一個唱片箱來擺放哥德交響金屬，但串流可以，而 everynoise.com 的地圖也做到了。由此我可以去偷看別的哥德交響金屬樂迷都在聽什麼我還無緣聽過的東西。我甚至可以從哥德交響金屬爲契機，跨進「墮落天使」（fallen angel）這種沒沒無聞、哥德到不能再哥德的「巷仔內」交響金屬音樂這是只有最最把哥德交響金屬當回事的人，才會去找

---

⑨ Ska，斯卡音樂發源自牙買加，原本是該地的傳統音樂風格。經過改良演進後，它在一九六〇年代早期成爲美國流行音樂中的拉美音樂分支。斯卡音樂以歡愉跳躍的節奏、大量銅管樂聲、爵士即興演奏和強烈的鼓聲爲特點，其早期的經典風格可參考〈My Boy Lollipop〉。此外斯卡音樂的放慢版本後來演變成了紅遍歐美的雷鬼音樂。

來聽的東西。我這輩子都不會想說要把金屬樂唱片箱裡的東西給買齊，也絕對不會對所有金屬音樂來者不拒，但墮落天使打中了我的一部分胃口，而且打得很準，以至於我不僅發自內心想要將之搜羅一空，而且我還可以輕輕按下播放，它的一切就盡歸我手。我原本就知道我喜歡這類音樂，我不知道的是外頭有幾百個幾乎完全不為人所知的樂團在源源不絕地創作這類音樂，我不知道的是這類音樂有個名字。我不知道的是外頭有個社群等著我去發現跟成為其一員。

（只不過在這個例子裡，這類音樂其實還是沒有屬於自己的名字，它基本上還只是那個「沒沒無聞，只有最投入的哥德交響金屬樂迷才會欣賞的哥德交響金屬音樂」。音樂類型建模讓我們做到的其中一件事情，就是找到這些有實無名的社群，讓他們有個暫時的名字可以在有靈感之前湊合著用。「墮落天使」就是我為這個音樂類型起的名字，因為比起「哥德交響金屬」，墮落天使聽起來更有畫面又令人玩味〔還不拖泥帶水〕，而到目前為止還沒有人來跟我投訴。我有一、兩個比較高調的命名確實引來了一些人埋怨，像是前面提到過的永動浪潮（用來稱呼那些幾十年後還在流行，但早已經不新了的新浪潮），還有密室逃脫〔一種受陷阱音樂影響的嘻哈、流行混合風格，是從聽眾社群的收聽模式中發現的，對這樣一種音樂類型我完全想不到任何好懂又生動的名字〕，但是當我們為一個還沒被歸類的社群想個名字並建立模型時，就給了這個社群找到自己的機會，所以我覺得擺在眼前

的事實是：做比不做好。而且話說回來，大多數時候有人抱怨我們給音樂類型亂取名字，他們其實都找錯對象了，因為他們抱怨的那些名字都不是我們取的。火不是我們放的啦。[10]）

如果說實用性與理想性真的是永世的死對頭，那麼那個比較不切實際而更為趨於理想性的動機就是為音樂社群建模可以讓我們每個人都有機會去體驗所有此前難以計數，而我們並不是其中一員的社群，畢竟我們此前可能壓根沒想到過世間有它們的存在。以前的我對南非音樂簡直是一無所知，直到我在一九八四年的一個地下廣播節目中聽到朱魯卡樂團（Juluka）的〈非洲浪人〉（Scatterlings of Africa），而雖然我很愛這首歌，也很愛朱魯卡跟強尼・克萊格（Johnny Clegg）解散朱魯卡後重組的後繼樂團薩武卡（Savuka），更在幾年後很愛跟保羅・賽門合作〈優雅莊園〉而讓全球觀眾認識了他們的雷村黑斧合唱團（Ladysmith Black Mambazo），但當 Spotify 在二〇一八年要準備登陸南非時，我對南非音樂的認識還是一樣地淺薄。

但就在這次登陸之前的商業籌備期，Spotify 簽約合作了好幾家南非當地的唱片公司與發行商，於是幾十年分的南非音樂開始出現在我們的目錄當中，而我們也開始試著將其分類，好等待聽眾上門。而聽眾一上門，我們就跟著他們的收聽狀況走，看這一

⑩ 點出布魯斯・史普林斯汀（Bruce Springsteen）的名曲〈火不是我們放的〉（We Didn't Start the Fire）。

路會通往何方。

結果這一跟就跟出了一大堆方向，如今足足五千多個音樂類型裡有至少四十二個稱得上是南非的特有種或大宗。朱魯卡樂團的流行融合風裡有一種源自祖魯民族音樂的影響，叫做馬斯坎迪（maskandi）。我想我在二〇一八年之前至少有聽過這個名字，但我很確定我從來不曾完整聽過一首純粹的馬斯坎迪歌曲，它通常是作為其他音樂的部分元素出現。

事實證明我愛死了馬斯坎迪。那裡面有種旋律優美而偏向高音的貝斯，有只能是演奏者與生俱來、毫不矯揉造作，但對我來說卻是新奇得令人著迷的節奏，還有那語言中的各種喀答聲與音調變化、高亢而四處飄揚的某種和聲、叮噹作響但絕不拖沓的吉他弦音，這一切都讓我神采飛揚。我記得第一次聽到蘇格蘭樂團朗利格（Runrig）的時候，我心想他們這個版本的凱爾特舞曲搖滾肯定與我麥當諾[11]的家族基因有某種共鳴，但那之後我曾許多次意識到那絕對不是血脈的原因。要說家族淵源，我跟祖魯人八竿子打不著，但那並不影響我是個人。我一句祖魯語也不會講，我對該音樂的文化脈絡幾乎一無所知，頂多就是對南非種族隔離的歷史知道一點粗略的輪廓，加上讀過維基百科上一篇講 impi[12]的文章，更別說你今天考我最基本的馬斯坎迪歌手是誰或哪個是哪個，我肯定不及格。但這些缺陷已不再是阻擋愛意的盔甲了。一知道了馬斯坎迪是一種東西，我便不需要費太多功夫，就搞清楚了誰是這個音樂領域裡最具代表性的人物，而一旦我們掌握了

這個圈子裡的藝人與粉絲，其音樂類型系統就可以自行去舉一反三，愈挖愈多，結果就是我現在每週都有兩、三張馬斯坎迪的新專輯可以聽，而這眞的棒極了。光是這點，就向我證明了何以全球主義是人類生存的法門，何以串流有益於音樂，而串流音樂可以爲人類發揮大用。

而當然，馬斯坎迪並不孤單。我懷著內心的〈非洲浪人〉、〈祖魯矛兵〉與〈十二月的非洲雨〉（*December African Rain*）去找起了它的夥伴，但其實我們周遭圍滿了在等待我們的喜悅。原來我也喜歡列金卡這種哐啷作響、六八拍節奏的高加索民俗舞曲，而我確定沒聽過任何新浪潮樂團與這種音樂有過混搭。我愛瓜地馬拉的送葬進行曲，儘管我從來沒有死在瓜地馬拉附近過。我一來喜歡黑金屬，二來尤其喜歡氣氛黑金屬，三來尤其尤其喜歡看著氣氛黑金屬變成黑瞪鞋（blackgaze）這種氣氛黑金屬與瞪鞋音樂的混血（有一點啦），然後我尤其尤其尤其喜歡看著場面從瞪鞋子變成堅定不移地望進無盡深淵，而後者所對應的音樂風格就是所謂的虛空之瞪（voidgaze）。我喜歡吉他伴奏的情緒饒舌（emo rap）。我喜歡挪威的敬拜音樂。我喜歡墨西哥的即興饒舌對戰。我喜歡菲律賓流行龐克。我們能把一千五百個音樂類型變成五千

⑪ 麥當諾是蘇格蘭的大姓。
⑫ 意指祖魯矛兵，朱魯卡樂團有一首同名歌曲。

個，尤里西斯居功厥偉，因為我會在追尋音樂的旅程中反覆墜入音樂的愛河而止步。在這所有的社群裡，人們會湊過來，演奏、唱歌，全世界就像一顆神奇的球在那邊翻轉個不停。我會無心插柳地畫起地圖，是因為我試圖把每一款「噪音」盡收耳際。當然不是一把抓，但至少每樣都來一把。

然後又一把。再一把。

#第 19 章
借來的懷舊

其他人那些不再是祕密的音樂

在 Spotify 在企業盡職調查最後階段的其中一個環節，為了確保收購回聲巢不會踩雷，他們派出一小組以瑞典人為主的 Spotify 員工到桑莫維爾，來抽問一小組回聲巢的人員。這個醞釀中的計畫仍在需要保密的階段，所以我們不能在辦公室跟 Spotify 的人碰頭，畢竟你連想在那裡爭執凱特‧布希如何如何，然後還要囤積咖啡機零件，空間都不太夠了。回聲巢的執行長吉姆，他用我們解決節日派對問題的方式解決這個問題，靠租下我們辦公室外頭一間在轉角叫「強尼‧D 的店」的小夜店兼餐廳。只可惜，那間店後來被賣掉、剷平，重新開發成了高級公寓，所以唯一一個我既看過我史上最愛的樂團在上面表演過、我也自己在上面表演過的舞台，已經不存在於這世界上了。

為了這場團隊與團隊之間的交互詰問，我們包下了整個早上

的場子。不論你是出於什麼理由這種時間在夜店裡待著，那都是一種沒意思到一種超現實地步的體驗。我們坐在散落的桌邊，瑞典人則在房間裡輪流換座位，就像一場尷尬到不行的跨文化快速相親。Spotify 在當時還算是收購的菜鳥，所以他們並沒有上軌道了的流程或方法論，有的只是一群人非常有禮貌地想確認對方不是精神病患。

就在其中一輪大風吹的過程中，我被指派的談話對象是一名非常冷靜、非常小心的 Spotify 工程師，名叫安德斯（Anders）。後來我發現安德斯是 Spotify 的特產，那邊的安德斯多到他們其中一處後廊裡放了個「本月最佳安德斯」的牌子，像我被分派到的這位安德斯就當選過好幾次。他花了大概一個小時問了我各種牽涉到資料完整性、資料溯源、軟體測試覆蓋率等非常專業的問題，對此我在回答時使出了渾身解數，主要是我拼命回想著自己以前在其他大公司的工作經驗，試著想像如果我們不是動不動就在那邊瘋狂亂搞一些會成功才有鬼的事情，我們可能會怎麼做。只不過等後來我跟這位安德斯比較熟了之後，我才真正了解他其實知道自己多半是想透過訪談來確認我們這些人既要夠正常，也要夠瘋狂，因為只有這種人格組合，才足以接下他現在帶的 Spotify 團隊所曾經負責過的工作與擁有過的夢想。在我們一小時的對談中，有五十五分鐘是在冷靜而小心地討論演算法的中繼參數與品質評估策略，最終安德斯點了點頭，放下了筆，把手寫板往右推開了幾公分，然後問了一句「你有問題要問我嗎？」我環

顧起房間裡那一張張在日照下怎麼看怎麼怪的夜店桌子，也看著每張桌子都坐著一個朋友和一名陌生人。這場企業收購案要是順利完成，就將是我職涯中經歷的第六次收購，所以我好像應該要信手拈來就有很多一聽就很內行的問題才對，但我早就心裡有數我們遲早會被誰收購，因為每次有潛在的客戶問起我們「要是你們被收購了怎麼辦？」我們都答不出來。（後來我聽說當時還健在的 Rdio，它作為 Spotify 的競爭對手同時也是由我們提供一部分資料服務的串流業者，其高層聽說我們要被 Spotify 收購的事情後，就跑去問負責與我們合作的 Rdio 工程師說該如何是好。工程師的回答是「你們可以先收購他們啊」。）

　　所以我沒有冷靜又小心地去問一些跟工程有關的事情，我問了安德斯一件我真心想知道的事情，那就是「所以，你喜歡什麼音樂？」他眨了個眼睛，或是做了某件讓我在記憶中覺得他眨了眼的事情，然後有那麼一個彷彿暫停的瞬間，他整個行為舉止變了，變得比之前更加冷靜，但沒之前那麼小心。「喔，那是一種瑞典人喜歡的東西。你不會知道的啦。那叫做 dance bond。」然後我們的一個小時就到了。安德斯重新拿起了他的寫字板，也拿回了他的小心翼翼，然後前往下一關去質問別人了。而我則在接下來的一個小時去回答一位叫佩德（Petter）的瑞典人的人資問題，他嘴裡還含著瑞典人最愛的口嚼菸。

　　但等詰問結束，我回到轉角的辦公室，然後想起了安德斯留下的 dance 與 bond 二字。這兩個字分開看我都懂，但合起來還

真沒概念。稍微認真估狗一番之後，我確信安德斯說的其實是dansband（舞曲樂團），是一種上世紀七〇年代的社交舞音樂，現在通常是在夏日戶外才能聽到，觀眾是身穿講究舞衣的懷舊中年瑞典人隨之翩翩起舞。我好一陣子之後才知道，安德斯原來在舞蹈圈也算小有名氣。我們的音樂地圖上還未曾建立起「舞曲樂團」這個類型，但我只花了幾分鐘就找著了這種音樂裡最著名的樂團名稱，並將之餵進了系統裡，而系統也很盡忠職守地生成了長長一張推算出來的樂團清單，裡面的樂團是些和已知樂團有著相同特徵的樂團，包括他們偏好在宣傳照片裡身穿成套的亮片制服，還有他們偏好在團名裡出現複數型時不用 s，而是用上有點扭捏作態的 z，這些共同特徵都提升了資料的可信度。我將清單內容複製到電子郵件裡，在標題處寫上「舞曲樂團：像這些嗎？」（Dansband: like theez?），然後將之寄給了安德斯。而這，事實證明，就是讓整宗收購案得以敲定的神來一筆。

好吧，那最後一點是我編的。安德斯後來確實跟我說了他很驚豔於我們的舞曲樂團清單竟然這麼準確，但除非我們是精神病患，否則回聲巢本來就會收購我們。真正學到了點東西的人是我，因為舞曲樂團音樂還真的很歡樂，很令人讚嘆。那是瑞典樂團阿巴合唱團（ABBA）成名前不為人知的瑞典前史，是一種「感性中透著樸實的反菁英民謠流行音樂」，而且是把民謠跟流行二字發揮到淋漓盡致的那種。五十年過去了，這音樂到今日依舊存在，而且還歡快地吸收各種新風格到其優雅的庶民魅力裡。我個

人最喜歡的瑞典舞曲樂團混合（Blender），你可以想像他像是瑞典雙人組合羅克塞（Roxette）兼差在查克起司[1]當駐場樂團，不對，更精準來說是反過來。我後來舞曲樂團音樂還有挪威版，拼成danseband。而一旦我開始拉動這些感性的線，整個歐洲就都鬆解開來，最後甚至是全世界。基本上你不論聽到哪個地方的音樂都會有某種土氣但又閃閃發光的音樂讓當地人欲罷不能，這不是什麼祕密，只是他們自在地認為反正沒有外地人會在意或注意到。

在德國，這叫做施拉格（schlager），除非你已經聽過施拉格，只是你知道的名字可能是迪斯可狐步（discofox）。話說我為此被很多人錯怪過，因為他們都覺得什麼「迪斯可狐步」是我亂編的。德國人喜歡在放暑假的時候跑去氣候溫暖且陽光宜人的馬略卡島（Mallorca），也喜歡跳舞，但馬略卡島事實上為西班牙的領土，而溫暖又陽光的西班牙音樂對德國來講，有點「太西班牙了」，所以他們在出發前自備了施拉格這種輕度民謠流行音樂，但把其底部的節奏抽換成了歐洲舞曲常見勁道十足的的鼓機聲響。這就是迪斯可狐步。

不論從任何角度來看，這都不是歐洲獨有的現象。巴西北部類似於施拉格的音樂叫布雷加（brega），而其對應類似於迪斯可狐步的音樂則叫科技舞曲布雷加（tecno brega）。在法屬美拉尼

---

① Chuck E. Cheese，美國的連鎖遊樂主題餐廳。

西亞的新喀里多尼亞（New Caledonia），這種音樂被叫做卡內卡（kaneka），是在地人私下既會覺得尷尬的音樂類型，但同時又是有組織的自我文化認同項目。不過話說到底，歐洲人仍是這種音樂的大師。保加利亞的這類音樂叫查爾加（chalga），就像於沒有門牌的競技場傳出綿延且令人陶醉的大舞台型流行樂。塞爾維亞的這類音樂叫「渦輪民謠」（turbo folk），出於複雜的歷史淵源，部分與右翼政治有些關聯。此外羅馬尼亞有曼尼勒（manele），阿爾巴尼亞有塔拉瓦（tallava）。若說串流這樣的形式天生就適合這些散落各地的音樂，那反過來看，串流是一種天生適合既根深蒂固又可四處移動之民族主義的音樂格式，或是一種自我指涉的後殖民主義，這裡的「後」就像後龐克或後搖滾裡的「後」一樣，都指的不是超越什麼，而是接受某樣東西的遺緒。波蘭的這類音樂迪斯可波羅（disco polo），也許是當中最明目張膽自我封閉的，主要是這種波蘭迪斯可堅信自己在國際上是無名小卒，以至於許多最受歡迎的樂團都用像男孩、經典、頭號人物、週末這種隨便到過分的菜市場名在外頭闖蕩。基本上，以上這些風格都聽來像是你在你遠到不能再遠的遠親的後院婚禮上所聽到，爛到不能再爛的雜牌電子舞曲專輯，爛到你參加完婚禮回到家，都會絕口不想再提。氣勢磅礡、狂亂、下流卻純真、令人暈眩的甜膩、恐怖的感染力。這就是那種你本不該要知道的音樂。

不過到了線上，你家後院跟比亞維斯托克[2]的某個後院，相

距也就是滑鼠點一下的距離。串流讓你可以去從別人那邊借來你永遠無法靠自己掙來的懷舊之情，讓你得以一窺他們的內心是如何因為曾經私密的喜悅而猛跳個不停。

在回聲巢被收購後不久的某天，同事柯特跟我正在新獲得的Spotify收聽資料這片海洋邊上戲水。有了查詢資格的我們開始實驗，我們嘗試用數學來量化小型社群對某類音樂的癡迷狂熱程度。柯特做了一張清單，上頭的歌曲都是從循環播放中獲得其大部分的收聽量，而柯特看待這些歌曲，是帶著一種狐疑的目光。「為什麼，」柯特納悶的是，「這些歌都那麼剛好在歌名裡夾帶著年分？」確實，這些歌幾乎沒有例外地，都有這個特色：克里斯琛・哈爾蘭（Kristian Hareland）的〈虎城二〇一四〉（Tigerstaden 2014）、貝克與維克多・瓦林（Bek & Victor Wallin）的〈娃娃屋二〇一四〔M.M.B.客串演出〕〉（Et Drikkehjem 2014〔feat. M.M.B〕）、酒精潘趣（Spike the Punch）的〈米老鼠二〇一四〉（Mekke Mus 2014）。它們的封面設計有一種詭異的共同特徵，都有著卡通標誌一般的設計搭配簡短好記的歌名，且幾乎都畫在空白或用漸層填滿的背景上，就像等著你去將之從螢幕上撕下來，貼到什麼東西上一樣。

關於年分我也沒有答案，但我確實曾私底下納悶過，主要是我在針對特定城市進行收聽習性的量化時，曾經在奧斯陸與其一

---

② Białystok，波蘭東北部大城。

些周邊的郊區（應該是沒有脫離挪威的範圍）遇到過這些歌曲。但我們現在是 Spotify 的一分子了，而這就意味著我們在概念上已經可以走出麻州的桑莫維爾。「我們肯定，」我說，「在挪威有同仁。我們去問問他們吧。」

我們果然在挪威有人，他叫艾克索（Axel），而且他人在線上。我發了則訊息問他這些歌名裡的年分有什麼來頭。他立刻就回覆我說：「這可能打電話會比較好說。」

我就是這樣認識了 russelåter（挪威畢業歌）。前面提到你可能會因為波蘭遠親婚禮上的迪斯可波羅而感到尷尬，但挑選那音樂的可是一個成熟到可以與人互許終生的某人。那是大人版的可怕音樂。

在挪威，一件幾百萬人都知道但就柯特跟我不知道的事是，原來高中最後一年的期末考是排在學年正式結束的幾週前的。準畢業生只要考完期末考，就等於是完成了高中學業，但距離正式畢業又還有一些時間。同時很巧地因為挪威學齡的設定，這些準畢業生也會在此時來到滿十八歲，也就是可以合法飲酒的門檻年齡前夕。閒來無事的準畢業生在這個成年邊緣有一個傳統，就是利用這段空檔去（一）用簡短好記又卡通的名字組一個小團體；（二）從前一屆學長姐的團體手中購入有著華麗油漆塗裝的二手觀光巴士；（三）在巴士車身上重新刷上自己的卡通風格團徽；（四）委託作曲專門人寫出俗又有力、好記的仿電子舞曲團歌（歌名會由團體名稱與畢業年分組成），而這類畢業歌製作對於專業作曲

人而言，已經是挪威在地音樂經濟中賺頭很穩定的一門生意；然後（五）開著巴士繞奧斯陸打轉，期間他們會買醉，會用循環播放狂炸他們的團歌，然後就這樣一搞一整個月。

我很想告訴大家說這種音樂對一個滴酒不沾的五十幾歲美國大叔來講，也跟對醉醺醺的準挪威成年人一樣迷人且一聽就上癮。我不難想像自己每年都在那期盼挪威的春天到來，像在列職業球隊一樣列出我最喜歡的新團體清單，然後慵懶地遐想著各種前言不對後語的逗趣對話，因為說不準哪天我就能在冰島的機場候機室裡跟某群挪威小孩這樣聊起來，期間他們會透露他們是挪威小孩，而我會透露我是個不正常的美國中年大叔兼「挪威畢業歌」專家。

然而遺憾的現實是，那些音樂我聽不下去。也許因為它擺明了是預設用來懷舊的音樂，一種專門做來滿足暫時的幻想：彷彿未來會是全新的開始，與過去完全無關。我喜歡想像其他人的生活，但我不太喜歡看著其他人以為他們的生命是種無法想像的東西。整體而言我喜歡挪威的流行樂，但它們每年總會爛差不多一個月。又或許正因為這些「挪威畢業歌」不像瑞典舞曲樂團、迪斯可狐步、迪斯可波羅因為尷尬而有意識地把自己封閉起來。巴士震耳欲聾地在播放著團歌，就像想要把一切都淹沒掉一樣。歌名裡的年分帶著虛無主義和末日感，就好像這是僅存我們需要在意的最後一年，就像人世間已經來到了終點。

音樂仍是人類做得最好的事情，而那包括喝醉的年輕人跟他

們找上的卡通流電子舞曲供應商。但這幾個禮拜終會過去。孩子們會畢業。至於那些巴士嘛，我想應該會被停在某處等待來年復出。而那些團歌伴隨其成分中的廉價閃亮合金，會快速地蒙塵，然後不由自主地變成被懷念的對象，畢竟歌名上的數字會毫不留情地，讓他們忘不掉那是自己幾歲時幹的蠢事。

#第 20 章
文字即是質地

真正無所不在的嘻哈,以及怎麼去聽你聽不懂的饒舌

你可以,靠自學愛上你原本討厭的東西。

你可以,在很多方面改變你自己,若你覺得自己討厭某樣東西,這種厭惡就很可能會阻礙你徹底了解它。厭惡會生出鄙夷,而鄙夷又會像保護膜一樣包裹住你所厭之事的優點,讓這些優點無從獲得你的仔細審視。但有朝一日你終於撕下自己的厭惡之情,這些美好的特質會讓你感覺既鮮明又清新。

我厭惡的是爵士樂。但也許某天我會下定決心,我不要再討厭下去了,並以此為契機找到愛的門路進去。只不過那天不是今天。今天的我依舊討厭爵士,而且要我繼續討厭下去,也完全沒問題。我討厭得很積極。積極就是我對討厭的定義:那是一種我會定期對自己重申,活生生的感覺。我會想著爵士,想著我討厭爵士樂的事實,然後我會有意識地選擇要繼續討厭下去。

我覺得更困難的，是學著去愛那些只讓你覺得模稜兩可的東西。你的品味在某種程度上，既是取決於你有所接觸的東西，也是取決於那些你並未真正去接觸的東西。要是少了厭惡去保護你不受這些模稜兩可之東西的干擾，你就會被動地暴露在這些東西之中，並在這過程中發展出一種更微妙、更難改變的「我對此無感」的自我認知。

如果你跟我是在同個年代的美國長大的，那你就是在嘻哈的陪伴下成長。〈饒舌歌手的喜悅〉（*Rapper's Delight*）在我初中時期發行，經典組合 Run-D.M.C. 活躍在我高中時期，全民公敵（Public Enemy）則是我大學時代的饒舌團體。在饒舌最關鍵的形塑期，我正忙著經歷前衛搖滾、金屬樂與新浪潮等階段，而所幸一九八〇年代還沒有手機跟社群媒體，才沒留下我那讓人臉紅的影片證據，否則你就會看到還是青少年的我在那裡解釋我對饒舌沒有偏見，甚至就音樂論音樂我還是喜歡饒舌的，只不過我喜歡歌唱，而饒舌作品裡通常沒有歌唱存在，所以饒舌永遠不可能是我的菜。

這很蠢。而我在這種愚蠢狀態中待了很久。我從一九九五到二〇〇四年寫了五百個禮拜的每週音樂評論，而那些專欄文章仍存在於網路上（furia.com/twas），見證著我對嘻哈的視而不見。說我一點嘻哈都不聽，並不完全符合事實，但我聽得確實很少，少到我知道我如果硬要評論嘻哈，恐怕會根本不知道自己在寫什麼，所以我就不寫了。

說起那個專欄，我向來不碰的題材還很多。我從來都只是將

之當作我個人癡迷的一本日記，除此之外我對其並沒有什麼太大的期許，同時我的專欄書寫是發生在一個發現音樂的難度與成本都很高的前串流時代，也因此不無關係地，我當時在音樂生活中的主要追求是收聽的深度，行有餘力才關注廣度。

然而等我一來到整日與音樂資料與推薦系統為伍的崗位，我立刻認清了一項事實，那就是我個人的品味根本不重要，除非這些品味能幫助我把系統調校到對每個人都適用的程度。這些系統必須適用我本能瞧不起的排行榜流行樂，適用於我偶爾能在抽象思考中欣賞的古典音樂，適用於我討厭的爵士樂。再就是這些系統必須也得適用嘻哈。到了二〇一一年，任何音樂推薦系統若在嘻哈音樂上適用表現不佳，那就毫無意義了。

而就是出於這個原因，回聲巢的音樂類型系統裡從最初期就包含了大量的嘻哈：三或四種老派嘻哈（看你怎麼定義老）、東西岸的嘻哈，還有中間一大堆的「中岸」嘻哈，幫派饒舌與技客饒舌、曠課樂（crunk）、彈力饒舌（bounce），乃至於嗨飛饒舌（hyphy）。我很快就把嘻哈、饒舌學分補修了起來，因為我不補不行。這並沒有讓我立刻成為全方位的嘻哈粉絲，但這至少讓我得以發現了「車庫饒舌」（Grime）。

關於車庫饒舌，如果你在我發現它的時候人站在回聲巢的茶水間，那我會告訴你這個字代表的就是英國嘻哈，而我會犯下這種錯誤，大概就是所謂的半瓶水響叮噹吧。人在對某件事情充滿熱情，但又還涉獵不深的時候，就可能出這種包。車庫饒舌並

不是泛指某個國家的嘻哈名稱，它指的是一種特定的區域風格，而會被起這個名字，是因爲它是由英國的車庫（Garage）與舞廳（Dancehall）音樂所反向構成的嘻哈，類似的命名邏輯還有曠課樂（舞曲型美國南方嘻哈）或彈力饒舌（由狂歡節[1]轉化成的紐奧良饒舌），乃至於後來的陷阱音樂或陷阱音樂分出去的鑽頭饒舌（drill）。但就是演出車庫饒舌的主力確實是英國歌手。

若你從小在美國與饒舌音樂一起長大，那你聽慣的就是美國人在饒舌。而且這些美國人大都是非裔的美國人，偶爾穿插幾個白人，然後是鳳毛麟角的黑人女性，乃至於黛博拉・哈利（Deborah Harry）曾在金髮美女合唱團（Blondie）某歌曲的某部分饒舌過。饒舌，在我的經驗裡，就是操著美國口音。在迪齊・拉斯科（Dizzee Rascal）、威利（Wiley）、索命怪嘴（Lethal Bizzle）與丁奇・斯特德（Tinchy Stryder）等人的唱腔裡聽到英國黑人口音，曾突兀到讓我一開始只覺得滑稽。遇到不熟悉的事物就嘲笑別人，小丑是你，而不是被你嘲笑的人。

但找到方法去在不熟悉的音樂形式中找到你熟悉的元素，也是一種逼著自己跳出內化成見的辦法。由此我喜歡上了聽這些英國人唱饒舌，喜歡他們獨特口音帶來的興奮感，讓我愈聽愈多，我也很快就意識到吸引我的不只是、甚至主要並不是英國黑人的口音本身，反而是那種繃緊神經、黑暗的電影風音樂能量，還有他們對嗓音技巧的講究。我不知不覺就學會了欣賞嘻哈中的技藝。而一朝我在車庫饒舌裡聽出了門道，我也就能回過頭去用不

一樣的角度聆聽美國形式的饒舌。或者應該說，我開始不由自主地在其他形式的嘻哈裡聽到其精髓所在。

同時間在回聲巢，我們正努力要填滿我們的新音樂類型地圖，盡可能拾遺補闕。有很多東西是我們知道我們缺少的，但為了搞清楚我們不知道自己缺少的東西，我寫出了後來歷經多次改版與變革的初代類型挖掘器，這種程式會在我們的藝人相似性資料庫裡跑來跑去，看有沒有哪些藝人自成一個小團體，但並不屬於我們已知的任何音樂類型。

這個挖掘器會把這些小團體挖出來，然後有一個人（通常是我）必須檢查並判斷那當中的意涵。早期這個程式會挖出很多完全是送分題的音樂類型，也就是那些我們自己也想得到要去增加，但就是還沒有時間去這麼做的類型，像指彈吉他（fingerstyle guitar）或行進樂隊（marching bands；或稱樂儀隊）都屬於這一類。有天它給了我一整頁的藝人，其名字全都是兩個姓氏中間用一個&或e連起來，略舉數例就像是 Jorge & Mateus 或 Felipe e Falcão，而我也就這樣，用一種讓人謙虛的方式發現了雖然自認為是某種音樂宅，但我其實從沒有聽說過這兩個樂團所代表的瑟

---

① mardi gras，紐奧良一年一度的盛大慶祝活動，法文直譯為「肥美星期二」，隔天就是由復活節倒推四十天的聖灰星期三，也就是大齋期的首日，屆時許多基督徒會開始齋戒。紐奧良的狂歡節活動包括遊行、假面舞會、音樂演奏。

塔內茹（Sertanejo），也就是巴西版的鄉村音樂，殊不知那在巴西這個全世界人口第六多的國家裡，可是人氣最旺的音樂類型。

同樣的過程還讓我發現了另外一件事情，那就是嘻哈在澳洲也有一片天。回頭想想這不是應該的嗎，沒有才奇怪吧：喜歡嘻哈的人到處都是，而澳洲又不是沒有人，再來很多人喜歡嘻哈的其中一個原因，就是它聽起來像你自己也能做到的事，就算你沒有從四歲就開始接受痛苦嚴格的音樂傳統訓練也可以，所以各地都有人會做出屬於自己的嘻哈音樂。但當時的我依舊在試著理解這一點。你可能想不到我花了多長的時間才搞清楚澳洲嘻哈來自澳洲，因為我聽到的前幾名澳洲嘻哈藝人都沒有像美國饒舌歌手或英國車庫饒舌歌手那樣，用它們平日帶有口音的說話聲音來饒舌。（去搜尋一下厄斯男孩〔Urthboy〕、布里斯與艾索〔Bliss n Eso〕或山丘帽 T 團〔Hilltop Hoods〕，你就會知道我在說什麼。）所以說澳洲嘻哈一開始讓我覺得與眾不同的不是口音，而是音樂。

很多人可能忍不住在腦中出現一個畫面，就是在某個饒舌還沒出現的「史前時代」，幾只流浪的卡帶帶著早年的美國饒舌，飄啊飄到了雪梨或墨爾本或其他什麼地方的海岸上，然後澳洲人一聽就很喜歡，於是就希望當地能夠有更多這樣的東西。澳洲不像美國有黑人可以負責饒舌，但他們有很多澳洲人，所以他們決定就地取材。他們拿不出 808[2] 或取樣機來製作饒舌的節奏，但他們有很多酒吧樂團，所以他們就繼續就地取材。這些操作並不是故作叛逆或標新立異，那只是因地制宜。有了這個起頭，澳洲

的嘻哈音樂便在一種時空壓縮版的封閉演化中開始了發展，就跟澳洲的其他東西一樣，而如此演化出的就是一種鬆一點、原生一點、不那麼黑暗一點、也不那麼嚇人一點的嘻哈。嘻哈界的袋熊是也。

軟體宅之間有這麼個被奉為圭臬的真理，那就是唯一合理的三個數字是：

○

一

跟無窮大。

這翻譯成音樂概念就是：

你可以不喜歡嘻哈。
你可以不喜歡嘻哈但有一個例外，像是車庫嘻哈。
或者你可以讓你自己去發現你喜歡什麼。

如果在唱跑車的英國弟兄不是你個人怪異又不合時宜的喜好，那也許你需要來自蘇格蘭老兄如泰克斯徹（Texture）或史泰

---

② TR-808，嘻哈音樂常用的鼓機。

格 G（Steg G）來唱一下氣候災難，或是你需要聽聽看英國女子的饒舌，像是小席姆茲（Little Simz）的爵士詩句或勒舒爾女士（Lady Leshurr）那宛若女王降臨的即興饒舌。但只要你一發現自己試著在說你並沒有真的喜歡嘻哈，你只是還聽得下車庫饒舌與澳洲嘻哈——不，等等，是車庫饒舌與澳洲嘻哈跟蘇格蘭嘻哈跟粉紅噪音跟陷阱皇后跟蒸汽龐克與饒舌對戰跟什麼跟什麼跟什麼——那你就應該知道要閉嘴了。你能喜歡兩種嘻哈，你能喜歡的就不只兩種嘻哈。

而就在我不斷發現又發現過程中，直到「發現」二字已經沒了原有的帝國主義色彩之後，嘻哈早已無處不在。音樂類型地圖上現有超過五百種嘻哈的類型、變異、衍生體與區域性的場景。基本上你去到地表上任何一個有人的地方都能發現音樂。假設這批人在網路之前擁有過收音機，那他們至少會擁有傳統音樂與流行音樂。而假設他們現在有了網路，那他們至少會擁有傳統音樂、流行音樂與嘻哈。我們可以推測若網路上發展出來一個原生社會，是不曾在實體世界中預先存在過的，那這個社會只可能以嘻哈作為起點。事實上，這種事情已經發生在了 Minecraft 這個既是遊戲也是一個完整的世界中，那裡頭有個與遊戲相關的音樂場景，而你會發現那場景裡的歌曲擺明了傾向用饒舌去傳達主題敘事，或是反串惡搞。

簡單來說，如果唱歌是一種可以安全地把情緒外部化給人看

的手段，那嘻哈就是不加矯飾去追求名實相符的藝術創作，就是用本色演出。嘻哈比什麼都更平易近人：只要你能下載一個節奏，然後一邊播一邊開口，你就是饒舌歌手。歌詞可以即興演出、可以含糊其辭。又或者你可以拿起樂器來譜些旋律，然後用詩詞格律來編排字句。你的話想怎麼說都行。所以說作爲聽眾的你想要享受嘻哈這件事，你唯一需要做的就是有一顆心，一顆想聽聽看別人想說些什麼的心。

　　跨文化是種生活技巧，你可以回想一下自己曾如何以觀光客之姿踏遍了遙遠的異國城市，藉此學習用更具好奇心的眼光探索自己所在的城市。只不過在串流音樂中，遙遠的異國城市就在你我之間。你隨時可以一瞬間穿越進入另外一個文化。我很喜歡的一首嘻哈歌曲是一場長達十分鐘的饒舌對戰，兩方分別是《英雄聯盟》（ *League of Legends* ）兩個電玩人物，然後這首曲子名叫〈這是第七仗〉（ *This Is War 7* ）。我從來沒有打過英雄聯盟。我聽歌之前完全不知道這兩個角色是誰，事實上我雖然已經聽過這首歌許多遍，他們是誰我基本上還是沒概念。我沒有先做功課把同系列的前六首都聽完──是，沒錯，絕對有第一到六仗。這首歌裡的每一個單字拆開我都懂，許多句子我也懂，但我就是沒有一個段落知道它在說什麼。但我喜歡的，不是聽懂他們在說什麼，而是聽他們如何說。

　　而事情變得有趣、有挑戰性跟強大的地方在這裡。嘻哈的在地威力存在於它的平易近人，但這種在地性的限制除了最基本的

語言問題，且往往還牽涉到具特定文化背景議題的問題。《英雄聯盟》是用英文在饒舌，但對我來講跟聽土耳其語沒兩樣。或者反過來講，假設你能聽一首你不打的電玩遊戲嘻哈聽得很爽，那你同樣可以聽一首語言不通的歌聽得很爽。我個人很喜歡的另外一首饒舌歌曲是小丑與艾班的〈麥克風秀〉（*Microphone Show*）。不要被英文歌名騙了，它九成九還是一首土耳其歌曲。有一（到兩）個世代的年輕土耳其與土耳其裔德國饒舌歌手把在德國的土耳其嘻哈從德文中解放出來，小丑就屬於這個世代。而哥哥是塞薩（Ceza）的艾班也屬於這個世代，她協助了後續一波的女性土耳其饒舌歌手，讓她們得以慢慢把土耳其嘻哈從土耳其的男性霸權中解放出來。我去查過了〈麥克風秀〉歌詞的譯文，而那大致上是一首表態的嗆人歌曲，裡面關於饒舌圈的內梗我顯然都不懂，但反正那些東西也不是我喜歡這首歌的原因。我喜歡這首歌是因為小丑與艾班那既激動又狂熱的兩人配合，就好像他們強強聯手不光是為了打遍天下無敵手，更是為了確保這一戰就會是止戰的最後一戰。土耳其語對進行敲擊感強烈的快速饒舌是一種絕佳的語言，一如西班牙文。我會知道西班牙文的這點特色是因為拉丁陷阱音樂，但我真正徹底體會到這一點，是因為我在「拉丁美洲大會戰」（Latin American batallas）這場由 Red Bull 所舉辦的國際年度嘻哈冠軍賽中親炙了那砲聲隆隆的即興饒舌互轟。邦果弗拉瓦（Bongo Flava）作為輕快流暢的坦尚尼亞嘻哈，通常是用斯瓦希里語吟唱，而其風格正好與戰鬥二字完全相反。印度嘻哈

是我最喜歡的一種印度音樂，但日本嘻哈是我最不喜歡的日本音樂。跨文化體驗的入門課程往往不脫兩件事情，要麼別人跟我們一模一樣，要麼別人跟我們不一樣得驚人。而跨文化體驗的進階課程則是沒有哪個類別叫做「其他」，其他人並不會因為「異質性」而團結地與你對抗，就像不論從我們喉嚨裡冒出的是什麼語言，我們也不會只因為我們都會發出聲音而團結起來。一旦你在好奇心的驅使下想知道別人說了些什麼，你就會發現語言不再是問題了。

另外一件我曾經深信的蠢事是我沒興趣去語言不通的地方，所以我懂得把語言視為一種疆界是什麼感覺。一如所有對於疆界的宣告，這是一種偽裝成恐懼的興趣缺缺。我害怕去那些地方單純是因為我不會說當地的語言。但最終我還是去了，而那真是好玩到一個爆。能親眼看到一個社會用有主體性的符號系統在那裡運作，真的是既不真實又充滿魔力。光是可以在塔林城內走來走去給用愛沙尼亞語寫成的停車標誌拍照，我就開心到有點荒謬。更別說愛沙尼亞不是只有停車標誌，他們還有自己的嘻哈。愛沙尼亞嘻哈對愛沙尼亞人來講是一種文化對話，但對我來講那就只是音樂罷了。

那當中並沒有什麼祕訣，或至少沒什麼你克服尋常社交恐懼以外的特殊祕訣：不要躲在家裡，出門面對。征服恐懼的第一步，就是要意識到恐懼不是你的敵人，所以也無所謂征不征服；恐懼只是一種反向的幻象，而這種幻象讓你以為你所處的地方就

是唯一能住人的地方。心裡愈是害怕，你就愈會把生活空間的邊緣往內愈拉愈緊，但這也會讓我們更容易跨出舒適圈。我沒辦法確切告訴你要如何迷上土耳其嘻哈，因為也許土耳其嘻哈對你而言，可能會是另外一種東西。也許對你而言，嘻哈不分語言都很容易，也許你覺得真的讓人無法參透的，是哪些裡面一個字都沒有的交響曲。你不需要喜歡每一樣東西，現在不用，以後也不用。

　　但你要知道，你是做得到的。

＃第21章
新龐克

聽來恐怖又詭異的音樂，小孩子卻覺得很正常（反之亦然）

　　我小時候，重金屬是我們用來嚇壞爸媽的利器。

　　精確來說，我嚇到的不是生我養我的爸媽，他們似乎並沒有明顯覺得我的黑色安息日合唱團（Black Sabbath）唱片比起老鷹合唱團的〈加州旅館〉（Hotel California）裡各種邪惡影射，或是史提夫・米勒樂團那張怪力亂神到惡名昭彰的《一九七四～七八年精選輯》裡滿滿對犯罪逃亡、疑似吸毒行為、破壞環境的空中旅行的無恥讚頌有更嚇人。但媞珀・高爾（Tipper Gore）的小孩的爸媽肯定是嚇壞了。

　　媞珀・高爾後來成了美國的第二夫人，但他老公艾爾・高爾（Al Gore）在一九八五年時還只是一個普通的眾議員，而媞珀在當年發起了一個歌詞巡邏組織叫「家長音樂資源中心」（PMRC; Parents Music Resource Center）。家長音樂資源中心幹過一件事很有名，那就是他們列了一張上頭有十五首「熱門」歌曲的清單，

並聲稱重金屬音樂威脅要帶來的道德淪喪，清清楚楚地表現在了這十五首歌身上，只不過其實仔細數數，那裡頭只有九首歌算重金屬。用現在的眼光去看，那似乎成了播放清單形式的先驅範例，緩緩揭開序幕的是王子（Prince）那淫蕩下流的〈達令妮琪〉（*Darling Nikki*）與席娜・伊斯頓（Sheena Easton）那嗆辣的〈蜜糖牆壁〉（*Sugar Walls*），然後接到第一批金屬歌曲，裡頭有猶大祭司、克魯小丑（Mötley Crüe）與 AC/DC 的次要作品營造氣勢，帶出無庸置疑的主秀，扭曲姐妹（Twisted Sister）那歡騰又簡單的〈不再逆來順受〉（*We're Not Gonna Take It*）。瑪丹娜的〈替你打扮〉（*Dress You Up*）在此時跳了出來氣氛整個轉向顯得不太搭嘎。而這之後便是第二批金屬區歌曲，裡頭一字排開有 W.A.S.P.，有威豹（Def Leppard）、悲憫命運（Mercyful Fate）等樂團，還有黑色安息日樂團唯一一張由深紫合唱團的伊恩・吉蘭（Ian Gillan）擔任主唱的專輯裡那首被嚴重低估的〈被當垃圾〉（*Trashed*）。我覺得我們現在可以說從黑色安息日起頭，接到瑪莉珍女孩（Mary Jane Girls）的〈在我家〉（*In My House*），然後再回到毒液樂團（Venom）的〈附體〉（*Possessed*），這樣一個流轉實在很難說有統一的曲風，但以辛蒂・露波（Cyndi Lauper）的〈她非比尋常〉（*She Bop*）作收，確實是一個強有力的壓軸。

　　事實證明這種道德恐慌的後續影響，主要有兩項：（一）歌詞裡有成人內容的歌曲被貼上了警語；（二）扭曲姐妹的人氣比悲憫命運或毒液樂團高了好幾倍。如果塞勒姆的獵巫審判[1]在當年也

　　　　⏵　串流音樂為何能精準推薦「你可能喜歡」

是以這種做做樣子的假憤怒來進行，那我們得到的結果應該是，只要有經手蠑螈眼睛的工廠所生產的靈藥都需要強制標註過敏警語，而把女巫高尖帽反戴就會成了一種表態的象徵。

　　事實是嚇人音樂的存在，主要只是幫助了其粉絲，讓他們感覺自己有力量去誘發恐懼，而通常這一點是蠻重要的，因為這些粉絲往往不覺得自己在其他方面有太多的力量。回過頭來看，家長音樂資源中心或許最怪誕的一點，是在於他們提出的歌單裡沒有龐克歌曲，一首都沒有。我不太確定其負責選編的同仁為什麼明明列了毒液樂團，但卻不覺得性手槍樂團或雷蒙斯樂團的那麼多歌曲裡沒有需要他們抱怨一下的東西，但這似乎也正是其重點所在：沒沒無聞的嚇人音樂對於粉絲的用處，至少不會輸給那些熱門的嚇人音樂，甚至還可能更勝一籌，因為前者有利於把象徵性的挑釁當成一種社群自我認同的工具。

　　所以我從小就很配合地覺得金屬與龐克是嚇人的噪音，也因此理解到那些噪音是可以很嚇人的。最終我確實也為人父母、有了孩子，而我也很期待有朝一日，他們能在回家時拿出一些我看不懂或是會嚇得一身冷汗的東西，又或是一些在我不徹底改變對

---

① Salem Witch Trials，在馬薩諸塞灣省塞勒姆於一六九二年二月至一六九三年五月間遭指控使用巫術者所參與的一系列聆訊及訴訟，該審判導致二十人遭處以死刑，其中十四位是女性，依指控旋即定罪。

音樂應該是什麼樣的認知標準之前，根本欣賞不來的東西。我多半應該要更深入思考一下我爸媽對我所聽音樂的反應。他們與其說是害怕那些音樂，不如說是對那些音樂無所謂，而且他們還不是特別對我聽的音樂無所謂，他們還對我小時候沒興趣的很多東西也都無所謂。但即便在我真的稍微對此思考過後，我還是感覺到有一點失落。不同於我爸媽，我樂見外頭的新音樂讓我摸不著頭緒。要是外頭的音樂我們通通都懂，那才叫人擔心，不是嗎？難不成我們已經把音樂令人震撼之處的方方面面都記載遍了嗎？難道從現在一直到宇宙熱寂而亡，音樂都不會再有任何改變了嗎？我已經降落在新英格蘭的某個城鎮，所以接下來我只能除了往前還是往前了嗎？[2]

沒錯，基本的答案是最最可怕的音樂從來都沒有那麼可怕，其暫時性的撕裂力量很快就會消散。史特拉汶斯基（Stravinsky）的〈春之祭〉[3] 曾經可能引發過暴動，而如今它聽在我們耳裡只是普通的「古典音樂」。在我孩子的認知中，「龐克」就是一種跟嘶吼有關但沒有特定形狀的特質，而想要對在〈青春氣息〉[4] 之後才出生的人解釋行刑者樂團（Stranglers）與詛咒樂團（The Damned）為什麼曾一度被認為是正字標記的龐克樂團，並不等價於在教導他們叛逆，而更像是在做史學史的練習。較之歌手卡蒂·B（Cardi B）的〈濕濕小可愛〉（WAP）或杯子蛋糕（Cupcakke）的〈深喉嚨〉（Deepthroat），〈蜜糖牆壁〉與〈她非比尋常〉就像維多利亞

時代的少女拉起裙擺露出腳踝來調情的程度。〈不再逆來順受〉真正的同類不是〈進入女巫聚會〉（ *Into the Coven* ）或〈附體〉，而是〈（派對狂歡的）權利（你得）自己爭取〉（〔 *You Gotta* 〕 *Fight For Your Right* 〔 *To Party* 〕）與〈我們是冠軍〉（ *We Are the Champions* ）。想想曾經覺得媞珀・高爾與她的標籤貼紙槍是股可怕的威力的我們還真是可愛。

但「覺得沒有令人驚奇的新音樂是因為沒有可怕的新音樂」的想法中牽涉到一種邏輯問題叫「範疇錯誤」[5]，即令人驚奇跟令人害怕並沒有關聯。會出現這種錯誤，是因為我們預設了新的音樂只能用一種辦法去創新。史特拉汶斯基的〈春之祭〉不光是吵跟鬧，它還是在多個維度上去進行預言的現代主義作品。性手槍與雷蒙斯樂團所持有的那個聰明的想法 —— 動人的音樂不必然得

---

② 出自史提夫・米勒的單曲〈噴射客機〉（Jet Airliner），裡面有歌詞寫道：Touchin' down in New England town ／ Feel the heat comin' down ／ I've got to keep on keepin' on

③ *The Rite of Spring*，春之祭是俄羅斯作曲家伊果・史特拉汶斯基的芭蕾音樂的代表作，故事講述在一個遠古祭祖儀式中，一群異教徒的長老要求一位少女以跳舞至死的方式來人祭春神，樂曲中充滿不和諧的音律與難以預測的節奏。果然春之祭在一九一三年五月二十九日於巴黎香榭麗舍劇院首演之時，期待聽到優雅樂曲的觀眾無法接受那怪異驟變的旋律，在台下出現了騷動。

④ *Smells Like Teen Spirit*，超脫樂團（Nirvana）的名曲，開頭的爵士鼓開場被視為經典。

⑤ category error，指把兩種不同類型或範疇（category）的東西放在一起，意即兩碼子事被硬湊在一起。

用費勁的技巧開場——有無限多種各式各樣的表現形式,且不是每個表現形式都得配合你的新手程度而刻意降低水準。

而只要我們一意識到自己在尋找令人驚奇的音樂,並將「我們那些不叫做媞帕的爸媽其實當年也會對不熟悉的東西有反應」的想法內化,就一點也不難發現其實身邊到處都是新龐克。而串流,透過把所有的「在哪裡」結合起來成了「身邊到處」,只要帶著好奇心,驚奇就永不間斷。

如果你想要找尋的是跟龐克遵循同一個文化模板的驚奇音樂,那麼有件一目了然的事情便是電腦成了新的吉他、新的貝斯,跟新的爵士鼓。龐克並不需要費勁的樂器演奏技巧,但姑且不論席德・維瑟斯[6]這個異數,龐克普遍還是需要一些樂器演奏技巧。雷蒙斯樂團會配合他們的演奏能力把歌寫得簡單些,但他們的簡單也還是需要一定的實力。GarageBand[7]與 FL 工作室[8]直接把這個地板也拆了。你可以在 BeatStars[9]上買到一整個伴奏音軌,就算你對其製作方式毫無概念也沒關係。(目前這些音軌應該還是某人的作品,只不過隨著生成式音樂的技術日新月異,這一點可能很快就會有所改變。)有了伴奏音軌,你就可以開始歌唱。或是開始饒舌。

或甚至連饒舌都免了。陷阱音樂從嘻哈的聲音表達中剔除掉了大部分的傳統結構,接著鑽頭饒舌與尖叫饒舌(scream rap)將這種無結構的狀態做成了各種格式。尖叫饒舌與死靈陷阱

（necrotrap）是我目前能找到最接近「去你的」音樂的類型，它們昭告天下（且咬字）「去你的」的方式就跟龐克一樣清清楚楚。饒舌歌手疤王斯卡洛（Scarlxrd）的〈心臟病發〉（*Heart Attack*）之於〈青春氣息〉，就像〈青春氣息〉之於〈無政府狀態的英國〉（*Anarchy in the U.K*）和〈閃電戰舞動〉（*Blitzkreig Bop*）。

　　但聲音更大與量更多並不是僅有的一條路。情緒饒舌借鑑了情緒搖滾「將脆弱喊出來當作攻擊」的手法，而這手法本來就是改造自硬核龐克，情緒饒舌又將之變得更軟性、更哀怨（也更加脆弱：早期奠定這類音樂的情緒饒舌歌手如利爾·皮普〔Lil Peep〕、XXX誘惑〔XXXTentacion〕與朱斯·沃爾德〔Juice Wrld〕都在二〇一九年或之前就死了，沒有一個活超過二十一歲，更別提撐到被搖滾界奉為圭臬的英年早逝標準的二十七歲）。超流行樂（Hyperpop）與數位核（digicore）透過把這種「脆弱即攻擊」的手法（不論是象徵上或實際上）的變調，提升到一種經過加工的、若隱若現的朦朧狀態，而這風格在一波波的小浪潮中達到巔峰——譬如AG庫克（A. G. Cook）與蘇菲（SOPHIE）合創的PC Music唱片公司、二人團體100 gecs那閃閃發亮的電子拼貼流行樂，以及少年創作歌手葛

---

⑥ Sid Vicious，龐克樂團性手槍的貝斯手。
⑦ Apple 出品的數位音樂創作軟體。
⑧ FL Studio，比利時公司 Image-Line 出品的數位音訊軟體。
⑨ 線上伴奏購買與租賃平台。

雷夫（glaive）作為從 COVID-19 疫情初期 Soundcloud 和 Discord 的場景中崛起的代表性人物。這些全都凸顯了一件事：儘管一開始的出發點和龐克差不多，都是為展現反抗社會態度的表演慾而生，但某些孩子光靠著電腦，在節奏和聲音上，就已經把龐克那種表面叛逆實則傳統的極簡主義甩得遠遠的了。

如果你想要的驚奇音樂是金屬所給予過我們的那些個驚奇，那我們有的……就還是金屬。金屬樂已經演變成了一種不斷分形分化的媒介，而除非你過去五十年來都很兢兢業業在追蹤金屬樂的各種分支，否則你一定會對其衍生出的某些變形感到驚訝。崛起於九〇年代並隨超級殺手樂團的後鞭擊（post-thrashness）風格達到初次高峰的死亡金屬，或許是金屬樂原始神祕衝動的最後一種形態，那之後就有新金屬（nu metal）與金屬核進駐成為主流的變異型態。但隨著流行的「金屬」樂變成在運動賽場裡播到爛的背景音樂，那些技客宅味更重也更猙獰的版本便重回到了地下活動。凱爾特霜凍（Celtic Frost）樂團的獵奇風死亡金屬幫助催生了黑金屬，而黑金屬（明明名字裡有黑，卻很諷刺地）把源自（黑人）藍調的節奏從金屬樂中抽除，使其變得更加更尖銳、更冷峻，同時也──不怎麼令人意外地──導致了一場命案、一堆教堂縱火，還有好幾個傢伙嚷嚷著自己是納粹，回頭看這也難怪外界會對金屬樂心懷恐懼。氣氛黑金屬接著又抽掉了剩下的節奏，留下一種神祕如兩支法國死亡金屬樂團「死亡咒語歐米茄」（Deathspell Omega）與「北方之血」（Blut Aus Nord）的環境密度，就好像在布萊恩·伊諾《機場

音樂》的另個宇宙裡，機場是以人類為食的主要掠食者。

　　然而這些北方金屬樂的新原始運動，終究愈鑽愈深，深到他們穿破了金屬層的底板，進入了初生的新「異教／維京」傳承運動，並變成了世俗中一種準隱修、半歷史性的音樂型態，名曰黑暗民謠（dark folk）。黑暗民謠的領軍者是挪威樂團瓦爾渚納，而該樂團的原始團員就來自公開承認自己是撒旦信徒的黑色金屬樂團絕望之地（Gorgoroth）。

　　與此同時，一些懷念鐵娘子與猶大祭司樂團這類戲劇性表演的歐洲金屬樂新傳統主義者，譬如瞽目守護神（Blind Guardian）與騰雲樂團（Stratovarius），重新將高超的技藝定義為強力金屬（power metal）的基礎。稍晚一點，另一波始於聚集樂團與殘月孤寂樂團（Tristania）的歐洲浪潮，打破了金屬樂中的父權陽剛特質，主要是他們以歌劇風的女性主唱為中心，發展出了一種優美旋律版本的金屬樂。這支發展被日暮頌歌樂團發展完善為哥德交響金屬，接著由美國樂團伊凡塞斯（Evanescence）帶起風潮，然後又炸開成為狂暴的日本變體可愛金屬（カワイイメタル〔kawaii metal〕），當中你會看到經過塑造要朝演藝圈發展的年輕女子日流偶像組起隊伍，重點是這些偶像被指派的伴奏樂隊不是流行風，而是金屬樂。可愛金屬的點子在早期代表性團體 BABYMETAL 出道時還頗有新鮮感，但很快地，這就只是又變成了一支包山包海的金屬次類型。

　　串流壓縮了空間，也壓縮了時間，所以有些新型態的驚奇讓

人想不到地，是古老懷舊片段的再起。上世紀八〇年代對你而言，可能已經毫無價值，須知音樂合成技術在當時還沒有好到可以聽起來不像合成，但我們當中有些人恰好生在那個年代，於是便躬逢其盛地見證了那些閃亮的噪音慢慢成形，而那種對類比美感一廂情願的喜好也催生出了擾亂治安者（Perturbator）與卡文斯基（Kavinsky）來扮演復刻版的范吉利斯（Vangelis）與尚米歇爾雅爾（Jean Michel Jarre）。於是在重溫八〇年代之硬式搖滾是如何擁抱 Yamaha DX7 電子合成器之餘，另一波復興主義浪潮冒出了頭來去重新追隨這條傳承，其中美國樂團午夜（The Midnight）橋接起了從合成器浪潮（synthwave）進入我所謂「夜跑」（Night Run）的道路（夜跑出自幽浮合唱團〔UFO〕在一九八五年的一首歌曲，就叫〈夜跑〉（Night Run），而我感覺這首歌就像是這種音樂類型的原典），而「國王雲集」（Gathering of Kings）作為一個成員各取所需而組成的瑞典樂團，則是以「夜跑」為起點往前連結，接上了由瑞典扮演要角的華麗金屬（glam metal）復興運動，而這復興出來的結果就是（其自行命名的）「低俗搖滾」（sleaze rock）。認真的低俗搖滾樂團有好幾個，如「緊急減肥」（Crashdïet）與「瘋狂李克斯」（Crazy Lixx），都滿足某種定義上的「認真」。然而在這件事上，自我察覺與自我作賤之間只有一條十分模糊的界線，因此低俗搖滾也就自然而然地融入了一種有趣的次音樂類型：那些可能只有表面上是諧仿的各個喜劇兼大舞台型搖滾樂團。挪威喜劇二人組伊維薩克兄弟（Ylvis）的仿電子舞曲單曲〈狐狸（狐狸說了什麼）〉

　　　串流音樂為何能精準推薦「你可能喜歡」

（The Fox〔*What Does the Fox Say?*〕）一炮而紅時，這類音樂曾極短暫地在幾個月內紅成主流，當時也間接讓一些聽眾認識了他們早期的仿「力量情歌」（power ballad）〈揚・埃格蘭〉（*Jan Egeland*）。但就是全職搞笑樂團也所在多有，如鋼鐵的奈米戰爭（NanowaR of Steel）、忍者性派對（Ninja Sex Party）與貓咪上太空（Cats in Space）。而只要從這些半諧仿搖滾歌劇稍微往邊邊移動一下，我們就可以得到把所有東西都弄成金屬版本的翻唱樂團，而那絕對是我個人很鍾情的一種耍寶音樂分支。

我的孩子有一點讓我有些驚訝，那就是這孩子討厭翻唱。而我說的討厭不是「不太懂得欣賞」，我說的是從骨子裡憎恨翻唱。為此我們幾乎已經無心插柳地打磨出了一個我們家傳的喜劇段子，其架構是一首當紅的歌曲會在某個孩子正在告訴我的日常趣事中溜進來，然後我會伸手拿手機，而他則會不假思索地在原本的對話中緊急插入一句：「少來，不准給我翻唱」，只因為他識破了我就是要用手機放一首我正好知道的歌曲改編來作為回應，並自以為很有趣。然後我們會再一起回想他剛剛原本在講什麼。他認為每首歌都有一個真實的版本，任何偏離該版本的改編都是大錯特錯的。我爸媽當年也有一些可以放來折磨我的東西（或他們肯定也有為了其他理由放那些歌，我很公平的），但那些畢竟是老音樂。爸媽用新的音樂來惹毛小孩的玩法，感覺像是現代的發明，又或者說，只是串流音樂讓這個老招數變得更好用了。

讓我們雙方都感到不痛快的一點，我想，在於我的孩子無法

輕輕鬆鬆就找到能把我逼瘋的歌曲。曾經有過一段短暫的全盛時期，是在他年紀還小的時候，當時他剛開始對音樂劇產生興趣，而我原則上是很痛恨音樂劇的，對此我確實記得有次在開車的時候，他第一次逼著我聽完了《漢彌爾頓》（*Hamilton*）的整張原聲帶兩遍還是三遍，至少當時我體感是有這麼久，但我後來意識到那還不到原聲帶第一片 CD 的一半。不過痛恨音樂劇不是什麼好原則就是了。《漢彌爾頓》很棒，棒到它打破了我對現代音樂劇的排斥感，且至少稍微動搖了我根深蒂固對傳統音樂劇的反感。這年頭我在車內對音樂播放的否決權已經幾乎僅限於沉悶的謎幻樂團（Imagine Dragons），他們的歌我傾向於一個月不要聽超過一回。

　　但那並不是說他們的音樂不讓人感到驚奇，只不過──而這也是我早該預料到的事情──他們的音樂是以出乎意料方式讓我感到驚奇。作為在這個不僅是音樂而是整個的文化都在串流的世界裡的孩子，當他們到達到能夠自主選擇音樂的年紀時，他們所有的發現模式都與我在他們這個年紀的時候完完全全不同。八〇年代的我是個青少年，而青少年的我選擇樂團就像從有固定名冊的萬神殿中選擇神祇，或至多是我可以從任何多萊爾夫婦[10] 有為其出過書的神殿中選擇裡面任何一位神祇。而作為網路時代的小孩，他們基本上是在挑選同輩人（或年紀差不多的），只不過這些人剛好名氣大到足以讓這變成一種單向的關係。他們最喜歡的創作者因此自然都是年輕人，而我想這主要不是因為他們把大人跟小孩放在一起比對後覺得大人令人難以忍受，而是因為在那些

　　　▷　串流音樂為何能精準推薦「你可能喜歡」

比他們大一點點或紅一點點的人的公開分享中，他們能夠很容易就能看到不久後的將來自己會是什麼模樣。

有段時間我有點無視他聽的音樂，或至少就讓他愛聽什麼聽什麼，反正我不去蹚渾水。他放音樂的時候我會聽，他聊音樂的時候我會聽，但他畢竟只是一個孩子，而雖然我日常的工作也包括去了解一般人怎麼聽音樂，且年輕人在當中也是大宗，但如果我以為我因為剛好養了其中一個小孩，就可以把所有「年輕人」的想法都弄懂，那我就是個蠢蛋。上述的狀況會有所改變，是因為有一天我在查看一張 Spotify 內部的「新興」藝人圖表，然後我意識到表上有些他最近才跟我提到過的藝人，而這些藝人都關係到一個他跟他的朋友剛好都有加入、但在我心目中沒沒無聞的 Minecraft 技客國度。

那是一個叫做「夢想 SMP」（The Dream SMP）的東西，而就結構來說這是一個特別的競爭性 Minecraft 環境（SMP 的意思是多人生存模式〔Survival Multiplayer〕），但就文化來說那更像是一個小小人物宇宙，你可以想像那是一個職業摔角的天地，但沒有任何商業企業在背後操作或撈錢。這個虛擬空間牽涉到 Minecraft 的競賽，但也有許多玩家是不全然靠 Minecraft，就在 YouTube 或

⑩ 指英格麗・莫坦森・多萊爾（Ingri Mortenson d'Aulaire）與愛德加・帕林・多萊爾（Edgar Parin d'Aulaire）夫婦，他們曾共同出版過各個文化的神話故事集，並以童書為主。

TikTok 上叫得出名號的人物。在這個世界的串流與場景裡，還交織著各種音樂，其中一些是由玩家挑選出的現有音樂，但也愈來愈多是以世界與當中人物爲題的同人音樂，而其創作者正是 SMP 中的觀眾。然後就是「夢想」本尊，也就是這個伺服器的主人，他錄製並推出了兩首歌曲，兩首都非常紅。另外一名夢想 SMP 的玩家名叫威爾・哥爾德（Will Gold），他已經用威爾布・蘇特（Wilbur Soot）的藝名推出了好幾首獨立流行歌曲，還組了一個叫做愛喜悅（Lovejoy）的新樂團（那名字對成長於八〇年代的我來說，聽起來簡直就像浩斯馬丁樂團〔Housemartins〕），結果同樣很紅。不只在小孩子的圈子裡很紅，還紅到足以讓愛喜悅、威爾布與夢想一起躋身當時全球前十大熱門的 Spotify 新興藝人。愛喜悅的歌曲談的不是 Minecraft，而且聽起來與許多其他當代的英國獨立樂團相當類似，所以如果你不知道他們是誰，光從榜上是猜不到這層關係的。但要是去查他們收聽資料的模式，你便會發現愛喜悅的粉絲跟其他就音樂而言應該要是同儕的樂團粉絲，根本是兩群不同的人。另外一首英國獨立音樂歌曲——易碎動物（Glass Animals）的〈熱浪〉（Heat Waves）——出現在一個跟「夢想」有關的同人愛情小說裡，並由此雪球愈滾愈大，最終在上榜的第五十九週衝上了《告示牌》榜首，而那在當時創下了上榜後最慢登頂的記錄。這就是社群的模樣，就是創作者與他們的觀眾再加上他們共有的興趣，會有的模樣。

　　社群在音樂的語境裡就叫做「音樂類型」。對 Spotify 來說，要

成為一種音樂類型得達到一定的規模，但這個網路遊戲社群不僅觀眾規模可以輕鬆達標，同時就算是考慮「親自參與 SMP 活動或創作以 SMP 為題之音樂的藝人人數」，或是「雖未親自參與 SMP 活動但是靠 SMP 社群的支持而變得熱門的藝人人數」，這個網路社群也同樣穩穩地達到標準。我於是將之加到了 Spotify 的音樂類型清單內。這意外地成為了親子間拉近距離的契機，是因為二〇二一年年底的度總回顧[11] 清單出來時，很多夢想 SMP 的粉絲都發現「夢想 SMP」成了他們最常收聽的類型之一，而顯然他們當中某些人非常不願意讓自己私下的興趣被公開——不過，為了抱怨而跳出來自曝身分倒是很 OK。「是誰把夢想 SMP 變成 Spotify 上的一個音樂類型？！」一時間成為了夢想 SMP 上一個小小的炎上迷因。誰？不就是我嗎，但我的孩子也必須背負一個祕密：他們也是幫兇。

　　抱怨的聲音始終未歇。隨著二〇二二年的 Spotify 總結再度來臨，有人找上 change.org[12] 發起了一項請願，訴求是要我們把夢想 SMP 這個音樂類型撤下。「SPOTIFY 應下架 DSMP 類型」一連兩天登上了 Twitter 的流行趨勢榜。事實上不只粉絲，連夢想 SMP 上

---

⑪ Spotify Wrapped，由 Spotify 發起的病毒式行銷活動。自二〇一六年以來，該活動都會在每年的十二月初發布結果，並開放讓 Spotify 用戶去查閱其過去一年在該平台上的活動數據彙編，且 Spotify 會邀請他們在社群媒體上分享自己的收聽風情。

⑫ Change.org 是由營利組織 Change.org, Inc. 經營的請願網站，總部位於舊金山。

的藝人都開始碎碎念自己被拖下水。我不信邪地捍衛這種「社群即類型」的理念，並堅持了好一陣子，主要是出於一種保護心態與責任感，但硬要去保護一個不想被當成群體的群體，好像也有點怪。這種事情通常不會發生在地緣性的社群或風格性的社群身上。通常會發生這種事情的社群，都是因為他們有某種不名譽的意識形態，但我實在無法想像用對待種族歧視之黑金屬音樂的方式去對待夢想SMP。我希望這個社群可以為自己站出來！需要的話，我有資料可以證明其凝聚力與影響力。Minecraft 很好啊，有什麼問題嗎？你能想像出身辛辛那提的樂團通通暴怒地跳出來，只因為我們知道了他們老家在辛辛那提嗎？

只不過，這樣的比喻並不太能成立。辛辛那提與夢想 SMP 都是人為創造出來的一種所在地，但只有其中一個在很久以前就成為了我們集體經驗中不可抹滅的一部分。辛辛那提是真真切切的存在。我們可以體認到「來自辛辛那提」是一種實實在在的概念，你沒辦法說你要或你不要，而也正因為如此，我們可以不經過辛辛那提人的同意，就擅自去捍衛辛辛那提藝人的權利或作品。Minecraft存在。夢想 SMP 也存在，就像虛擬來源的概念也存在。但不同於實體的來源，虛擬來源沒有基底。一座城市就算現在沒了，其存在過的事實也不能被抹滅。城市遭到遺棄，留下的是廢墟。虛擬社群遭到遺棄——就像夢想本人最終就刪除了伺服器，放棄了夢想SMP——你想改寫個人歷史還真的相對容易。

這裡說的「你」，並不是抽象的你或確切的我，而是那些有或

沒有構成社群的人類個體，而這就是我終於理解了的那點關鍵差異。管理一個虛擬社群，完全是一種內在的權利。這也許就是我的孩子覺得理所當然，而我這個世代的人則覺得一頭霧水的驚悚事實：整個身分的概念，都轉移進了自決的領域。你身邊要是有認識的人對「人稱代名詞自選」[13] 過敏，那這個身分自決的觀念應該也會讓他們消化不良。他們對性別的理解，就像他們對辛辛那提的理解。或者該說他們以為自己理解性別，就像他們以為自己大概理解辛辛那提，但其實他們根本沒去過辛辛那提。而我至少還玩過 Minecraft。

而在打造出一個以孩子們興趣為原型的社群，然後實現其範疇與力量的潛能之後，食髓知味的我想再去找找看更多類似的機會。Z 世代[14] 如今已經夠大了。他們已經有了純粹為了音樂而做的音樂，而這些音樂也開始出現在我們共有的現實世界中。去關注那些我孩子喜歡的歌手，即便那些歌手無關乎 Minecraft，也同樣有趣，只不過這次的關注所帶我通往的，是一個規模遠大於夢想 SMP，但自我定義的傾向遠沒有夢想 SMP 那麼強的群體。這群人通常是創作歌手，但也有一部分並非如此。他們往往聽起來像是

---

⑬ chosen pronouns，指一個人用來反映自身身分認同的代名詞，而非生理性別。
⑭ 指一九九七到二〇一二年出生的人。

音樂劇迷，或至少會認為現代音樂劇是流行音樂裡很正常的一部分。由於他們並不屬於主流成人或商業音樂體制，所以也算是一種另類音樂。這個群體之中很普遍的一種歌詞主題，講的是把自己想成是一個角色：英雄或壞蛋，主角或綠葉，故事會被後世傳誦或自認自己的決定會被後世傳誦的傢伙。他們原生於社群媒體，這還需要解釋嗎，但他們並不情有獨鍾任何一個個別的平台。這群藝人在 Spotify 上的自介通常長得像這樣：「嗨，我不知道耶，也許明天我就會把這刪了。」[15]

　　也許他們真的會吧，但在那之前，我們仍得以見證圍繞著他們這種矛盾心態而形成的音樂場景。梅蘭妮瑪汀妮（Melanie Martinez）的《憐惜派對》（Pity Party）是這類音樂最直系的先驅，奧莉維亞的《酸》（Sour）則是它是進到流行音樂的代表作，但對我來說，莫提卡（MOTHICA）那首痛徹心扉的〈永遠十五歲〉（forever fifteen）才是它的精髓：描述在毫無勝算的狀況下對抗憂鬱，但光是能夠唱出這個故事就已經是種勝利；用簡單的音樂元素，傳達了無比深刻的情感；還是孩子跟已不是孩子的兩個自我，隔著散落著生命片段的桌子對望。我在想這種音樂類型終究會找到自己的名字。但在那之前，我還是先編一個名號頂著。結果我編出來的東西是 Alt Z，代表「另類」加「Z 世代」，而也許這名字也想表達的另外一種心情是：想要讓你的決定可以復原，但又按錯了快速鍵[16]，都怪那些白癡大人把如此不可或缺的功能藏在笨死了的咒語後面。

起好了名字，我就可以去追蹤它，而那裡面當然滿是棒極了的歌曲。假設你在找尋那種表現符合你既定印象的龐克，那你可能會忽略一件很關鍵的事情，那就是最早的一波龐克是對原本的文化忍無可忍而想要取而代之，但現今的龐克領悟了一個道理是它可以自立門戶，它可以擁有屬於自己的文化。「我要翻過柏林圍牆，」強尼・羅騰[17]怒吼著，但今天的孩子出生時，柏林圍牆都塌多久了。我住劍橋，我家附近一個什麼商學院裡就擺了一塊柏林圍牆。關於新的音樂，恐怖的事是它不甩你知不知道它，它沒有花力氣想去嚇唬你，因為它壓根不在乎你的想法，乃至於你打算怎麼做，它也早就已經放棄去想。

但我其實不需要音樂來提供我新的恐懼。我根本就不需要新的恐懼。小時候的我會不經大腦地在那邊畫無政府主義的標誌，然後等長大了，我才意識到我們有多迫切需要民主的社會主義。我相信新一代的孩子會比小時候的我有出息。我需要相信自己，需要繼續努力讓自己去比小時候的我有出息。我需要去聆聽年輕世代在這個我們交給他們的世界裡，是如何在面對自己的命運，而我們兩邊都需要找到辦法，去讓我們可以共同譜寫出一種單一世代的生活。刪除東西是一股新的力量，但不是一種新的解決辦

---

⑮ hi. idk. maybe tomorrow I will delete this.

⑯ PC 上的正確復原快速鍵是 Ctrl+Z。

⑰ Johnny Rotten，性手槍樂團的主唱。

法。叛逆與抗拒作爲我們所需的概念，必須要有集體性，而不能刺耳嘈雜，不能孤島心態。我們需要聽音樂對我們講故事，讓我們知曉那些讓我們遠離喜悅的恐懼，該如何去克服才好。

#第 22 章
噪音一把抓

音樂是一種無止盡的資源

串流音樂年代與其之前的種種年代，有種種的差別。這些差別在文化上是巨大的，但它們仍舊可能，或至少看似對你無關緊要，所以就算你在裡面如入五里霧中也無所謂。當你不僅想聽什麼就可以聽什麼，而且還可以都不要停的時候，你會怎麼去聽呢？面對全世界的音樂都集中在了一個地方，而其提供的潛在蛻變又有著這等的規模時，你要如何去將這種潛力兌現，讓自己感覺脫胎換骨呢？

音樂串流服務 —— 包括我任職過的那個 —— 都會出於不難理解的商業利害關係，想讓人感覺聽音樂完全不是一件有這麼嚴重的事情，於是乎他們的標準答案會完全能夠符合簡單的定義。理想狀態下作為一種產品的價值主張，這個答案應該是「註冊會員，然後讓我們取悅你！」，至於問題本身最好是能別提就別提。

平台巴不得你只是懷著期待地隨意瞄 Spotify 一眼，然後一個溫柔跳動、大大的綠色播放按鈕就會出現。你按下按鈕，神奇的流動就此不費吹灰之力地展開。

這套做法好像還算行得通。朝系統隨便丟出一點關於你品味的線索，然後坐等飯來張口。系統自然會試著把音樂帶到你面前。如此比起從前的你在車內聽廣播，你的音樂體驗多半會略更好。不論是 Spotify 或其每一家串流同業，內部都有幾十個團隊在那忙著三件事情裡的其中一件：專心致志要把你的聆聽習慣外推得更精準；把你潛在的下一段聆聽過程編排地更令人垂涎；把可能的外推歌單描述得更讓人瞬間就有親切感。這些人是真心在乎你的聆聽體驗，而最終他們接受評量的標準，是你有沒有繼續聽，有沒有開始付費，有沒有繼續付費，而這就代表他們沒有作弊的空間。如果你收到的歌曲推薦讓你覺得無聊，導致聽音樂的時間愈來愈少，反而是邊看氣象頻道邊煮韓國部隊鍋的時間愈來愈多，那麼在串流服務的趨勢儀表板上，「聽歌段落長度」的各種指針就會開始撇向示警的紅線區，而公司內部的 Slack [1] 的討論串就會開始跳出一堆像蜂窩一樣的未讀訊息。

所以沒錯，敞開心胸被動接受演算法從無窮無盡的音樂中為你挑選出來的那一部分，是在串流時代聽音樂的一招。這在以前是不可能做到的，所以串流所代表的豐盈並不會因此變得沒有意義。你將聽到你會喜歡的音樂。你會發現你原本發現不了的音樂，只不過隨著用串流聽音樂變得稀鬆平常，我們所說的「原

串流音樂為何能精準推薦「你可能喜歡」

本」具體是指什麼也變得愈來愈模糊。你會體驗到各種新的喜悅，只不過那也許不是讓你耳目一新的那種喜悅。你可以就這樣讓生活中充滿著音樂，問題不大，千百萬人，終至數十億人，都將選擇這種音樂生活，而他們都會過得好好的，各種音樂也會好好的。

但對來說我還不夠。我想聽遍所有音樂。我想要聽到那些乍聽之下讓我不舒服的東西，甚至於那些聽到底還是讓我不舒服的音樂。我想要聽那些不是從我已經聽過的音樂推演出來的作品。我不想原地踏步。我不想被取悅。我不認為「不費吹灰之力」應該是一種賣點。我不想讓殷勤的機器人給我端來押上我姓名的焦糖點心。我想要嘗試那些看起來奇怪，吃起來更奇怪的東西。我願意費點勁、努力些。我不要那些會揣測我本來會做什麼的工具，我要那些能增強我投入在做之事的動力工具。我要那些能讓我想投入更多時間和精力去探索，而不是更少的探索工具。

我不知道在「養尊處優」與「勞碌命」者兩個極端的光譜上，你身處在哪裡，但如果你願意挑選這樣一本演算法和文化相關的宅宅等級書來讀，那麼我想不過分地說，您應該不是滿足於將自己的審美決策交到別人手上，或者精確地說是交到一個「隨機性與統計分類」的黑箱組合手上。你會想要採取某些行動。你

---

① 通訊軟體名。

也會想要用上一些動力工具。

十二年來我花了大量上班與業餘的時間去製作音樂探索工具。當中有些工具牽涉到 Spotify 內部的獨家資料，或至少是那些公司法務部門會直覺地想要保護的資料，而就在企業那種將各種事務切割開來的偏執作風下，我無法向各位展示這些資料，甚至我自己也不能再看了。

然而大部分的獨家工具之所以是獨家，是因爲它們嘗試回答的是獨家的問題。但世上可沒有什麼獨家的音樂與好奇心，而如果你不用對串流服務的成本中心或其 OKR[2] 負責，那麼你所需要的就只是用更好的方法去發現音樂跟聆聽音樂。

everynoise.com 是我用電腦程式而非文字來談論音樂的網站，我會在那裡放置各種「非獨家」工具、分析、針對音樂宇宙的另類觀察。這些工具分析與觀察與其說是爲了解決 Spotify 策略性的商業問題，不如說是爲了要將音樂世界裡那些由集體音樂創作與集體音樂聆聽所產生出的見解跟自發性組織還給這個音樂世界。

想要開始探險，最簡單的辦法就是任意遊走。你不需要計畫或方法。實體的旅行還需要交通與住宿，亦即你需要買票跟各種規劃，但串流讓你得以瞬間移動。你可以想去哪就去哪，並在那裡泡一整夜，也可以去完回家，到自己的床上睡。你只需要一張地圖，或是地圖也可以省了，說實話，你眞正需要的只是腦子裡對可能的目的地有某種概念。

網站 everynoise.com 的首頁是一片可以捲動的無垠大海，海

裡盡是音樂類型的名字，或大概分類的名字；像是把一疊數不盡的地圖印在無限薄的網路薄膜上，以至於你可以將這些準地圖通通塞進只有手機或筆電厚度的容器裡，然後隨身攜帶；進了這入口，就是滿天星空。

　　這張音樂地圖得以成形，是投入了大量人力和心血在背後的類型系統才換來的，但地圖本身是全然由程式碼所構成，並參考了每種音樂類型中平均的聲學特徵。就資料論資料，那其實就只是 X／Y 軸交織出的散布圖，其中 Y 軸（由上至下）是根據聲音「機械性」（mechanism）的特徵排列，其測量的是「電子」對比「原聲」的樂器組成，以及「精準機械」對比「流暢有機」的節奏感。由此在 Y 軸最上端的音樂類型，全都是電子舞曲的各種變體，裡頭滿滿合成器與序列器的節奏。咚－咚－咚－咻：去測量每一下鼓聲的長度，你會發現精確到微秒不差。至於在最底部則會是最不機械化、最自然有機的音樂類型，譬如豎琴和古典鋼琴是自然產生共鳴的樂器，演奏時講求的是富表現力的人性化節奏，而非數學般的精準。

　　X 軸（由左至右）對應的是另外一種聲音特質「彈性」（bounciness），而這測量的是音樂的聲學密度，最靠左邊的音樂特徵是聲響密實而連續，譬如嘶吼的撒旦金屬，或是沉靜穩定的持續

---

② Objectives and Key Results，目標與關鍵結果。

音音樂（Drone）、古典管風琴。最右邊的音樂是比較尖銳、聲音之間有一定間隔的類型，譬如節奏感強的舞曲或嘻哈與雷鬼，但也會有政治性的演說或人聲朗讀著詩詞。演說或朗讀裡或許沒有鼓點，但人聲之間仍有斷續的空間。

這些類型名稱的顏色也都是自動生成，主要是系統會把另外三種聲音特質區分到網路色彩空間裡的紅綠藍（RGB）通道內。我可以去查哪樣特質對應到哪種顏色，但我在繪製地圖時並沒有直接考慮特質與顏色的對應關係，而是隨機嘗試了不同的組合，直到某種組合產生的配色讓我在感性上覺得「對了」，所以說那當中的細節其實並不重要。總之結論就是較憤怒的類型會偏向紅色，帶有吉他顫音感的類型會偏向綠色，較清澈透亮的類型會偏向藍色。這些顏色可以幫助你在表面的幾何樣態下認出次級的模式：不同顏色的鄰近類型可能聽起來南轅北轍，即便它們有著類似的聲音機制與彈性；散落在頁面上各處的同色類型可能有著近似的氛圍，即使它們的電子或原聲比例、聲音密度都有所不同。

二〇一三年，也就是我首次發行這張地圖的那年，上頭的音樂或聲音類型有五百種。到了二〇二三年，五百種已經變成了六千多種。六千多種可不是個小數目，問題是這類型都是些什麼意思呢？找一個點擊下去，你會聽到一小段由演算法選出的代表性歌曲。按下在地圖上方的「掃描」，轉盤就會開始自行旋轉，就好像它是一台車內的收音機，而它連上的失控衛星正恰好以音速在繞地旋轉。這樣的狀況或許你受得了，也或許那會有一點太

過頭。我希望你懷著好奇心與無限可能，但別忘了想離開球表面擺脫固有思維，並不是只有直接把自己甩離地球的舒適圈、直朝無垠的天際而去這一種辦法。

想朝空中踏出第一步最簡單的辦法，就是從你認識的某個藝人開始。將他們的名字輸入到右上角的搜尋列當中，然後按下輸入鍵。如果系統資料知道他們屬於這個類型空間裡的哪一個地方，你就能得到相關類型的清單。你可以從中點選一個。每個類型都有類似的代表性藝人地圖，且上頭都會根據相同的 XY 軸與顏色來排列，同時也都可以播放，可以掃描。

如果一段時間後，你感覺好像沒有搔到癢處，好像你沒能降落在你的目標行星，那麼你可以用捲軸把地圖稍微往下拉，在藝人地圖下面會有兩個小一點的內嵌類型地圖。第一個是鄰近類型的局部地圖。此處所謂「鄰近」的概念用上了十三個維度，而不僅僅是首頁上的那兩個，所以其所表現出的整體相似性會更強，由此你便可以在類型空間中橫向滑動，藉此去尋找更有共鳴的搜尋結果。

如果這樣還是不行，那你可以再稍微往下捲一點，來到顏色被反轉的第二個內嵌地圖處。這張圖所表達的是你的目標在類型空間中的「相反」地區。一個類型的「相反」是一個很好玩的概念。我想要想辦法打造一個模型來表示這個概念：有時候你會聽到某樣東西，並想要盡可能遠離這樣東西。但當用聲學距離來建構這個模型後，我發現對任何一種類型而言，你能拉開的最遠的

距離，永遠是遺落在聲學邊緣的四種東西之一：科技浩室、古典鋼琴、刺耳的黑金屬，或是舊時政治演說的錄音。這其實有點道理，但並不有趣。搜尋結果終於變得有趣，是因為我意識到我該使用的不是最大的直線距離，而是 XY 軸上的互補距離。也就是說，如果你有一個速度遠高於平均值而原聲屬性略高於平均值的聲音類型，那麼它的反類型就得要在速度上遠低於平均值，而電子屬性要略高於平均值。你可以想像在十三維的空間裡找到一個原點，將之延拓出去，然後等你的頭不痛之後，再去看一眼這小小的地圖。雖然我已經做過很多遍了，但就是這樣化身聲音的洞穴探險家，垂降穿越在各種聲音類型中，為了各種「相反」怎麼能合適到那種程度而感到不可思議，我就可以開心地自娛自樂一個小時。

但這只是一張地圖。聲音類型並不是幾何上的抽象概念，它們是社群，是各種表徵或串流服務都包不住的社群。你可以去廣大的世界裡尋找它們。

你可去 Reddit 的某個板或 I Love Music 的某條串文下[3] 爬文，那裡會有網友討論著這個類型或那些藝人。你可以去研究該音樂類型的歷史沿革，去檢索藝人的經歷，去搜尋它們使用的樂器名稱。去看表演，去買 T 恤，而且買了要穿到街上。花足夠多的時間在瑪黑區晃蕩，就會有美國人開始跑來跟你問路。只不過老實說，只要你抱著長棍麵包從羅浮宮走到左岸，那麼即便這是你在巴黎的第一天，照樣會有美國人向你問路。但巴黎人不會。這座

城市他們已經很熟，同時他們也有 Google 地圖可以用。加入實體社群需要經年累月的時間，甚至有時候得歷經代代相傳的過程。但在串流時代，音樂社群是分立的存在，且加入全憑自由意志，與傳承無關。你要社群，得靠自己去找來。

然而即便是在網路時代，許多能夠擴散開來的同好社群是源自實體聚會，而實體社群幾乎本身都很有趣，不太有例外。串流不僅可以把遠處的音樂帶至近處，它還可以把離你的聽力半徑只有幾條街區的音樂帶進你的耳機裡。這聽來有點矛盾，但地方性的規模在一個實體媒體的世界裡並不好達成跟維持：最低限度的訂單規模讓以「在地」藝人之姿去壓製黑膠與 CD，變成一件風險很高的事情；過去的廣播電台比較有動機去播放那些他們篤信會獲得其他電台與零售業者推一把的歌曲；唱片行賺到的業績跟斬獲的顧客，大都來自於最流行的那批音樂。

因此比起以成為超級巨星為目標的大唱片公司藝人，串流在某種意義上為胸無大志的藝人解決了更多的問題。同樣斬獲聽眾一百名，你可以把 CD 的壓製量從一千張降到零，同時你也不需要再去說服 CD 採購（或中盤商），讓他們相信你的自製迷你專輯有資格佔掉原本可以放愛黛兒的架上空間。你可以一錄好一首歌（或甚至在那之前），就立刻將之上傳到 SoundCloud，並在幾天

---

③ Reddit 與 I Love Music 皆為網路論壇。

的時間內讓那些間接的服務上線。我不需要也不想要你去買我的歌，但如果你想要聽聽看，我可以把連結傳給你。

那麼作為一名聽眾，你也有得選。你可以選擇在一個全球化的時代當一個更好的在地音樂粉絲。你可以聽盡你所屬城市裡的所有樂團，而不只是那些恰好今晚在表演的樂團，或是在COVID-19疫情期間有過任何演出的樂團，乃至於在音樂錄音時代辦過任何一場現場演出的樂團，須知在這個錄音時代，你根本不需要現場演出來作為一室一刻的記錄。

你不一定需要用到我製作的任何一種工具就可以做到以上這些。如果你所屬的城鎮仍有非主流媒體，你可以去讀讀看。要是沒有，社群會創造出其自身的網絡。跟隨你在 Twitter 或 Facebook 上認識的在地老牌樂團，或是在天曉得他們現在用什麼服務在進行網路活動的在地年輕樂團。遇到你認識的樂團在各種媒體上為朋友的樂團美言，你不妨去聽看看。你可以去找找放在藝人頁面由藝人製作的播放清單。去地方樂團的類似藝人清單上瞧瞧，尋找更多地方樂團。做那個會把朋友全都騷擾一遍，就要他們去聽聽看一首以森諾特公園[4]，或是你家附近任何一個公園為背景的情歌。

everynoise.com 上還有兩樣工具可以幫得上忙，位置就在其首頁的底部。其中範圍較廣的那個是「地方一把抓」（Every Place at Once），這是利用全球各地的收聽位置去找到在個別城市裡——多半也在你的城市裡——人氣很突出的音樂。這些全都不需要是

在地的音樂，因爲我們可以想聽什麼就聽什麼，但在地音樂往往會是那些來自同一個地方的人才比較有機會知道的作品，所以數學便能靠不成比例的人氣按圖索驥。

但如果你嫌上述的針對性還不夠強，還想用更精準的數學去鎖定更小的在地性，那麼「地方一把抓」後面有一個連結叫做「超空間住家演唱會」（Hyperspace House Concerts）。原本把這功能丟出來當作實驗，是想看看收聽資料最少要有多少才有潛在價值，結果這功能正式成形是因爲答案「少得驚人」。這個功能會去尋找的藝人是這樣：他們有一些聽眾，但也不是太多，重點是他們僅有的那一小撮粉絲，都很集中地來自同一個地方。換句話說，我們可以藉這功能找到那種靠人氣活躍於住家演唱會的藝人，也不管住家是不是眞的最適合他們的表演格式。

剛開始設計這功能的時候，我自然而然就先在麻州劍橋試用，畢竟那是我住的地方，結果發現哈佛大學與麻省理工學院的無伴奏合唱團體（a cappella）數量多得令人既振奮又驚恐，但當然想也知道除了成員本身跟他們的室友以外應該不會有人會去找來聽。另外還有一個迦納饒舌歌手當時在哈佛念到二年級。但第一名的歌曲卻是一個叫喬斯琳・哈根（Jocelyn Hagen）的人所唱，但我完全沒概念的作品。研究顯示哈根是名來自北達科他的人聲

---

④ Sennott Park，麻州劍橋當地的公園。

作曲家。我花了一點時間想搞清楚的是自己是哪裡做錯了，才會產生這種結果，但最終我想到要去估狗一下這首問題所在的作品〈月之女神〉（*Moon Goddess*），而不要沒沒完了地跑著這些沒有建設性的查詢排列組合。哈根並不來自劍橋，沒錯，但〈月之女神〉即將要由哈佛的一個合唱團演出，而大部分在那個禮拜播放這首歌的人，都是那些在練習這首歌怎麼唱的合唱團團員。

　　當然，你不需要受限於你所在之超位置的超地方性。如今這個企劃已凍結在時間裡，但沒有凍結在空間裡。我曾經十分樂在其中地用超空間住家演唱會功能去掃描了各個瑞典小鎮，我想看看我能找到多少在地曲棍球隊的應援曲。你可以找到聽起來像是防彈少年團的 K-pop 團體，但只有在首爾的人知道他們是誰。你可以找到可愛到讓人心跳加速的獨立樂團加延德奧羅（Cagayan de Oro），這團名看起來像是西班牙地名，但其實位在菲律賓的泛舟勝地。你可以找遍全世界，看各地有哪些還沒有走進世界的音樂，並協助其脫離故鄉的束縛。你可以選定某個你從來沒去過的地方，成為其在遠方的鐵粉。

　　但你不需要加入某個社群去聽到其音樂，而社群也不是你整理音樂或探索音樂的唯一辦法。每個社群都是由個體組成。每個樂團都是獨一無二的存在，這一點與他們所傳遞的場景與傳統是什麼無關，而聆聽模式可以被用來推導兩個樂團之間的捷徑。Spotify 上的「粉絲也喜歡」，以及在大部分其他串流平台上的類似架構，都提供了一些這樣的捷徑。選一個你喜歡的樂團，然後試著聆聽他們

的粉絲也同時在聽的樂團。找到你與這些粉絲英雄所見略同的點之後，你就可以打蛇隨棍上，重複這個過程。

播放清單不論是由專業者或由其他懷著好奇心熱衷分享的聽眾所作，都往往發揮著一種類似的功能：讓你找到一張上面有你喜歡樂團的播放清單（Spotify 的電腦版應用程式上有一個「發掘於以下播放清單」〔Discovered On〕區塊在藝人頁面上，裡頭就蒐集有這類清單），然後看看選編人員將之置於何種脈絡底下。

或者如果你想要比這更多的靈感，你可以往下捲到 everynoise. com 首頁的底部，找到一個叫做「典範路徑」（The Canonical Path）的工具。我做出這個小機器是為了記錄下以某個藝人為起點的聆聽路徑，重點是這條路徑會以螺旋狀向外延伸至聆聽空間，並自此不再有一個特定的目的地，而是只知道離一開始的起點不斷發散出去。

別誤會，這並不代表你得馬不停蹄地往前聽跟往外聽，只為了不斷尋找還沒有人知道或表達過的東西。過去真就不如未來廣大，這是一項事實，只是這種事實在實務上看不太出來。如果你有一定年紀，聆聽生活開始於串流時代之前，那代表你是在一個比較艱困的年代開始愛上音樂。你多半錯過了很多你原本可以喜歡上的作品，或是形成了許多因緣際會的情緒連結，而這些連結要是你有機會二訪，或許會有不一樣的感覺。

懷舊因此也是一種具有潛在主動性的聆聽策略。你可以興高

采烈且好像跑錯時代似地忽視現行的各種趨勢，並在聽音樂的時候去對你從小聽的音樂獲致一種遠遠更加全面的體驗，那將是你小時候迫於現實條件，所無法得到的體驗。許多你以前喜愛的唱片，現在都已在母帶重製後音質變得更清晰明亮，重新發行時也收錄得更完整了，主要是當年可能有許多衍生的作品是你所不知，可能有巡迴演出你沒能看到或聽到，可能有藝人的帶子原本佚失卻又被找到。不是所有被製作出來過的音樂都有機會重新上市，但這只不過代表了過去仍舊是一片活躍的疆界。有些最讓人熱血沸騰的新發行作品，都是從檔案中挖出來的。串流時代有些嶄新的喜悅，其實是歷史資料，是考古成果，是重新評估的判斷，是修復搶救回來的瑰寶。

而你前往過去的旅程也不會是隻身一人。如果新知是一種集體性的東西，那記憶當然也是。在 everynoise.com 首頁底下工具選單中的「人口結構一把抓」（Every Demographic at Once），利用了這項事實去找出了在國家、年齡、性別等各種人口結構群體中受到分外歡迎的音樂，而這也就以量化的方式證明了一項我們常年持有的懷疑：我們作為聽眾，是由我們在青少年階段所聽到的東西所形塑。我喜歡認為我現在的音樂品味是多元得令人好奇，整體看來也算獨特，但我是個聽調頻廣播上的專輯搖滾音樂、成長於德州七〇年代和八〇年代初期的小孩，而在二〇二三年前後，五十五到六十四歲男性的美國之聲可以被不太講究地分成兩桶歌曲：一桶光告訴我歌名，我就可以靠沉睡的記憶哼上兩句，

另一桶光告訴我歌名還不夠，但只要一開始播放這歌，我就能感覺到我的海馬迴開始收緊在我腦海深處，擠出歌曲裡一個音符不差的吉他重複樂段，供我當下的思緒取用。

但當然如今，這些歌再播出來，我聽著的感受是不一樣的。我在十六歲時聽到的歌，是在我急於成為十八歲或二十一歲時聽到的，是在我想成為或不想成為什麼樣的人的推論漩渦中聽到的，或者是在我認為我的父母是否喜歡它們、我的姊姊或我在學校裡不喜歡的同學們是否喜歡它們的模糊成見中聽到的。這些歌在當年，第一次讓我聽到了我從沒聽到過的新噪音，而如今再重播，那當中的嘶吼與嘆息我已經聽了上百萬次，由此我有可能更清楚地聽到它們真正的聲音。

雖然或許不能代表你的狀況，但以我的例子來講，我一直都多多少少著迷於新音樂，由此我的音樂知識主要是隨時間向前進，隨著我的生命歷程累積。在還沒有串流服務的時代，我對一九七八年前的音樂的第一手聆聽經驗，很悲哀地不外乎有以下這三種：我在感性上承繼自我爸媽的民俗音樂、我在三十幾歲時讓自己去系統性彌補自學的古典音樂，還有我在事後變得非常投入的幾個核心樂團在一九七〇到一九七七年間發行的專輯。

我希望各位聽到一件事不要感到太驚訝，但在你開始關注音樂之前，就已經有很多很棒的音樂了。就算你是從披頭四開始關注音樂，而披頭四又為音樂史劃定了現代性與確定的「老歌」之間最清楚的那條界線，你還是可以用你記得的第一首歌開始，然

後開始往回探索。我們已經做音樂好長一段時間了。還有好多好多你都錯過了。

　　音樂多得很。多到你不可能有時間全部聽完，但哪怕你能騰出一個小時來聽音樂，喜悅都在那裡等著你。聽音樂無所謂聽錯方向。聽到你覺得自己受到吸引為止，然後就是跟著你的耳朵前進。遇到你喜歡的音樂，就去製作一張播放清單。任何一張播放清單都可以代表你的生命。我們已知關於音樂的一切，都是播放清單的資料來源，每一次串流都參與了那當中的數學。探險並不是看你導航能力有多好，而是一種觀看世界的方式。所謂探險，就是試著去體驗事物的原貌。且不論一口氣要去聽全世界的歌曲這件事講不講道理，反正世上的歌肯定多到你聽不完。你可以將之視為一種隨喜的挑戰，也可以藉此感覺獲得解放。你可以一頭栽進無限，也可以無重力地漂浮在無限的表面上。反正不論你怎麼選，音樂的無限都還是會保持無限，它的眾聲喧嘩還是會峰峰相連，超過你能聽完的極限，只不過每一種聲音都知道你可能會為它所改變，也知道那首你最喜歡的曲，也許你還無緣聽見。

　　　　⊙　　串流音樂為何能精準推薦「你可能喜歡」

第五部

新的問題

所以我們來到了這裡：在天旋地轉中被甩進了未來，但還是基本上只身在新時代的開端。就算所有的恐懼與喜悅最終達成了得小心翼翼的休戰狀態，問題還是沒有解決。我們僅僅是剛開始問出了一些大哉問，離順利答題還早得很。這些問題是給我們所有人的，不論我們各自有著什麼角色：作為聽眾、藝人與創作者、科技人員，作為有道德判斷的公民社會或地球村成員，也作為在機器與我們彼此之間居中的那群人。而在我們以為自己只是在討論音樂的同時，我們如何提出跟處理這些問題，其實就預示了當我們有朝一日意識到這些問題的核心其實是關於我們自己時，我們可能會如何反應。

＃第 23 章
藝術值幾個錢？

新經濟該如何運行？

　　音樂是必須存在的。我會將這點當成是我們最基本的共有信念。然而我不確定在這個前提之上，我還能不能做任何可靠的假設。這些音樂該如何產生？誰有權利做出這些音樂？誰決定誰有權利做出這些音樂？誰決定誰決定誰有權利做出這些音樂？誰有資格聽這些音樂？音樂人與聽眾之間的關係該如何運行？又有誰可以扮演那個中介（或拿掉中介）的角色？音樂裡有中產階級這種東西嗎？

　　我想我們都會很想要一股腦衝破這些既抽象又尷尬的問題，直搗實務的討論：音樂應該用買的還是租的？應該做成實體還是虛擬？老音樂正在殺死新音樂嗎？錄音作品已經變成演唱會的廣告了嗎？還是剛好反過來？串流的權利金分潤應該採取播放比例制或使用者中心制？科技業者或唱片公司誰該背的鍋比較大？或

是我們應該要勤勞一點，兩邊都別放過？

我們喜歡那種界線分明的問題。我們習慣於選邊站。在許多上述的案例裡，我們選擇某一邊站就只是因為這些人馬我們都認識。我們要麼不信任企業，要麼就是買他們的股票。我們要不是披頭四迷或小賈信徒，就是相信權力必然腐敗而人氣終將串謀。我們想要在史提利·丹樂團（Steely Dan）的老歌裡聽出此前沒聽到過的嶄新微妙處，或是想要發現下一個比超流行樂更狂的東西。我們不僅僅是選了這些邊站，我們還在收集這些立場。我們學會了它們的應援曲，我們有它們代表色的衣服。

只不過在音樂上，就像在大部分的其他事情上，根深蒂固的對立最終是更關心競爭中的權力結構，而不是競爭的結果或可能的解決方案。當泰勒絲在二〇一四年定調反對串流後，她給出的說法聽起來像是道德三段論[1]：「音樂是種藝術，而藝術是重要而稀有的；重要而稀有的東西有其價值；有價值的東西就應該付費。」這段演繹推理中的每一步都相當耐人尋味，而且連起來後引出了許多關於重要性、稀有性與價值本質的絕佳問題。但泰勒絲這麼做的目的不是開啟對話，而是重申並鞏固她的影響力。如果你是那種，一年只買一張專輯的人都會買你那張的藝人，那你就可以為所欲為。泰勒絲想表達的重點其實不是藝術本身有多稀有，因為藝術才不稀有，她想說的是她的藝術很稀有。而她似乎並不了解靠廣告營運的媒體，其實有收到錢，也不了解有成千上百萬的粉絲花錢訂閱串流平台，就是為了聽她的作品。但她很清

楚自己有力量能讓人直接付錢給她，一遍又一遍。所以她就把這力量使了出來。

但我們也可以說：「音樂是一種注意力商品，而注意力講求的是規模經濟；經濟規模可以透過套利獲得；而套利者永遠會贏。」泰勒絲之所以有本錢踢開串流，而這不僅僅是因為她知道她的粉絲會跟著她，更是因為她知道就算她判斷錯了，大不了再回來，粉絲還是會跟著她回去。套利者永遠會贏，因為本來就只有有錢人玩得起套利，而財富的慣性要遠遠強於投機的風險性。

在此同時，串流平台有本錢讓泰勒絲離開，因為他們知道她基本上誰也帶不走，因此她遲早會浪子回頭。唱片公司可以讓泰勒絲這樣搞（後來還可以讓她重錄專輯，算是讓她又搞了一次），[2] 是因為他們知道泰勒絲只有一個，其他人想不靠他們的幫助變成下一個泰勒絲，門都沒有。聽眾會任由泰勒絲這麼任性，是因為如果你原本就願意花每年一百二十美元去聽全世界的音樂，那現在要

---

① syllogism，三段論是一種演繹推理，含有三個命題，前兩個分別是大前提和小前提，第三個是結論。結論的真實性建立在前提的真實性和它們之間的聯繫上。有個例子是：所有生物都會死。所有人都是生物，所以人都會死。

② 從二〇一九年六月起，泰勒絲陷入了與音樂經紀人斯庫特・布勞恩（Scooter Braun）的作品母帶權利糾紛。事情源於布勞恩以三億美元收購了獨立唱片公司大機器唱片（Big Machine Records），由此間接持有了泰勒前六張錄音室專輯的母帶（泰勒絲於二〇一八與大機器唱片解約）。僵持不下一段時間後，泰勒絲重錄了這些專輯，以新版母帶繞過了舊版母帶的限制，但也導致了這幾張專輯出現有舊版跟新版之別的狀況。

你重新在兩個新方案中二選一，一邊是年花一百二十美元換得全世界的音樂減去泰勒絲，另一邊是年花一百三十五美元換得全世界的音樂減去泰勒絲，再加上泰勒絲的最新專輯，並不是個很難回答的邊際效益問題。

二〇一七年，泰勒絲把她的音樂放回了串流平台。我不清楚這一波操作她是不是淨賺，但她還是繼續擁有任何人一輩子都花不完的錢，而我很確定不論發生什麼事情，這一點都不會有所動搖。要是選好邊的你想反對注意力霸權集中在某個被理想化的超級巨星身上，那泰勒絲絕對是不輸給紅髮艾德或德瑞克的假想敵。當有人想像著播放比例制的權利金規定是在圖利贏者全拿的超級巨星，並因此犧牲掉了苦哈哈的獨立藝人時，泰勒絲很難不被點名。而反過來說，當有人以累進制的概念提出替代的權利金方案，希望藉此把金字塔頂端的頂端的藝人所得重分配給廣大且被認為是中流砥柱的中層藝人時，泰勒絲的錢就是他們推著手推車在攀爬的山巔。你不覺得好笑嗎？只要確定挖的不是我們的錢，那我們其實對社會主義的那一套其實接受度還蠻高的。

但以上這些做法也都沒什麼建設性，泰勒絲固然有錢到當不了反抗軍的精神領袖，但她也遠遠還沒有錢到當得了整個產業的祭品與救贖。她表現在外的獨立屬性，對其他所有人都是一種會讓人錯失重點的系統性雜音。你想像泰勒絲這樣隨心所欲，首先你得是泰勒絲。她從來沒回答過，也從來沒有義務要回答的一個問題是：「其他人的藝術有多少價值？」藏在這問題裡的魔鬼是

一個概念，那就是關於藝術，我們真正該問的是經濟問題。這個概念假定了藝術只是另外一種待價而沽的東西，而我們在吵的只是它的價格怎樣才合理。音樂產業就是靠著這種概念，方得以成立，而所有目前靠音樂產業賺錢的人，都百分百盼著音樂可以繼續就是一門生意。

而就在同一時間，網際網路降臨。我從一九九五年開始撰寫音樂評論並評論發表在網路論壇 Usenet 上，因為我不需要任何人同意就可以這麼做。或是換一個角度看，我另外有一份與電腦相關的正職，所以我不需要靠寫評論賺錢。回頭看來，這種態度似乎很明顯地導致了音樂批評作為一種有償職業，終究冰消瓦解。我自身那有點跑題的個人評論網站《與沉默一戰》(*The War Against Silence*)，或許不是導致音樂評論在主流新聞寫作中崩潰的罪魁禍首，但原本屬於中央集權的那股力量確實遭到了分化，而很多像我這樣的人確實撿拾了幾塊碎片，然後擅自將之帶回了家。這看起來也沒什麼大不了的，至少一段時間裡真的還好，畢竟撰寫音樂評論即便在其最輝煌的時刻，也談不上是一個產業。

但網路讓這種效應及於了一切。網路就是一種把權力分散出去的系統，只不過它偽裝成了一種流通資訊的系統，直到你注意到資訊跟權力其實是一體的兩面。一百個部落客基本上是自告奮勇地去將每一個職業記者五馬分屍，然後這一百個部落客再在社群媒體上被一千人的共同忽視蒸發殆盡。這種模式始於短版的文字，但很快就自我複製到攝影上、短影音、談話音訊上。現在

則明顯發生在了書籍上、音樂上與遊戲上，我們不難想像這三種東西也會步上攝影、短片與談話音訊的後塵。比起其他內容，電影或許可以撐得久一點，主要是比起製作流行歌曲或手機文字遊戲，乃至於書寫政治性的推文，電影級拍片工具的商品化還不夠普及。但這種負隅頑抗總會有結束的一天。

而我覺得這基本上是好的發展。我覺得權力去中心化的科技**趨勢**，就是減少不平等這個道德訴求的實踐，而這訴求又是人人生而平等這基本信念的必然表現。Spotify 對外公開的「大聲又清楚」資料顯示了串流正緩緩地在縮減大牌藝人的霸主地位，緩緩地在拉平名氣與金錢的分布金字塔。我預期這種趨勢終究會加速。我預期大型唱片公司與超級巨星會繼續存在，因此一部分的音樂產業仍會繼續穿著舊政權的老派外衣。漫威電影還是繼續上映，只不過大家都在 TikTok 上互看彼此秀個十五秒的舞技。

那麼音樂該如何產生？當然還是要靠人。具體來講誰有權利做出這些音樂？誰都有這個權利。誰決定誰有權利做出這些音樂？沒有誰。誰決定誰決定誰有權利做出這些音樂？還是沒有誰。誰有資格聽這些音樂？誰都有資格。音樂人與聽眾之間的關係該如何運行？誰可以去扮演那個中介（或反中介）的角色？關係運行的方式有上千種，透過上百種不同的技術與社會系統。

那音樂裡會有中產階級嗎？應該會有吧。總有些人的音樂會小有成就。金字塔本來就中間層，未來也還是會有。

但我在想這個問題問的其實不是幾何學，而是愛與時間。這

問題不是閒來無事對精算的好奇心。我們想知道的是：我們能不能成為音樂人，就只因為我們想，而不是不得不去找其他工作。若藝術真的重要，那藝術創作不就該是個重要的職業嗎？中產階級所代表的社會承諾不僅僅在於它存在著，而應該是只要你認真努力、不用成為英雄也一樣可以到達的位置。

但如果你想要這樣，那你想要的就是社會主義。我說的是真正的社會主義，不是那種在訂閱制音樂串流的現金流中上演的半調子社會主義。你會想要無條件基本收入讓所有人都能選擇他們要如何利用每天的時間，想寫歌就寫歌、想教中學歷史就教中學歷史、想去種覆盆子就去種覆盆子。新自由主義指導下的資本主義可不會提供這些東西。它不會給予音樂在人道上值得獲得的經濟支持，但那只是因為它本來就不會去做任何人道的決定。新自由主義與資本主義會做的是市場導向的決定，而這種決定不會是出於社會目標或道德真理的推動，推動這些決定的會是微觀動機與宏觀行為之間各種未經計畫也無法預見的互動。一個真正的新經濟可以用任何我們想得到的方式去運行。但我們目前還沒有這樣的新經濟。串流不是新經濟，它只是個新市場。

混亂的市場並不能保證經濟的自由。聽眾不是個可靠的雇主。我們有所謂中產階級的音樂人，有屬於中產階級的芭蕾舞者，有中產階級的籃球選手，但他們能有今天靠的不是體制性的訓練與可預期的職涯進程，畢竟他們不是店經理或電腦程式設計師。他們能有今天靠的是參與了能成為明星的樂透彩，然後對中

了幾個號碼。換句話說他們中獎了，只不過中的不是頭獎。

說起這個音樂，泰勒絲可以有她的看法，但音樂其實並不稀缺。更精確地說，音樂跟稀缺沾不上邊：音樂的特色是普世、自發、無所不在。音樂是人類最擅長的事情，也是我們想不做都不行的事情。音樂產業崩潰了，但音樂本身還是挺立在那裡。我們隨時可以唱歌，但製作科技促成了錄音的民主化，然後串流接手民主化了音樂的發行與流通，於是乎現在的音樂獲得了解放。「音樂人如果沒能因為他們的勞動獲得合理的報償，」滿懷抱負的工會主義者警告說：「以後大家就沒新的音樂可聽了。」只不過所有確切的證據都顯示事實恰好相反：音樂不是一種經濟體系，音樂不是稀缺與勉力勞動換得的產物，音樂其實是我們不由自主的喜悅滿溢出來、形於外的結果。

藝術值幾個錢？藝術可以是無價之寶，也可以一文不值。這個問題不該這樣問。

或者這個問題就該這樣問，而且還是對我們來講最重要的問題，只不過這個問題所問的不是藝術，它問的是價值。但藝術是唯一重要的部分，也是唯一我們理解的部分。我們擁有全世界的音樂。現在我們要做的，就是把音樂以外的問題通通解決。

#第 24 章
你的愛值幾個錢？

音樂要怎麼聽才道德？

　　然而只要我們還困在市場資本主義裡，我們那些可爭論之問題的大部分潛在解決方案，就都會牽扯到你。但這是不應該的。你沒道理得背負起這樣的重擔，而你也多半沒有能力去創造出有感的差別，更別說作為單獨的個體，你也多半不會有足夠的資訊供你去操使你僅有的那一點點力量，進而產生深刻的效果。你應該如何去聽音樂的這個問題，常被便宜行事之人塑造成一個消費倫理的問題，然後再被簡化成一句話叫做「買黑膠不買串流」。這是一個很蠢的答案，為此我特許你挺起胸膛，充滿自信地去無視它，就像你也會自信滿滿地去鄙視以下這兩種說法 ──「自己的衣服自己做」，以及「你應該去買支只能打語音電話的傳統電話，而且這些電話還只限四個號碼，包括其中一支一定要是詢問電影場次的 MovieFone 專線」。你要是把做衣服當作一種個人的

興趣，那就太完美了，完美到我無話可說。但大部分人不會這麼做，而你也不會閒到替別人做衣服，所以你這樣不是在解決社會問題，你只是在假裝自己不是社會的一分子，所以這個社會的規則與問題都不適用於你。

你真想買黑膠，也儘管去。要是你直接向某藝人購入了四張單價三十美元的黑膠唱片，另外再花十美元的月費訂閱串流平台，那就已經相當於你正常每年花在音樂上的兩倍預算。那名藝人可能會很感謝你的支持。不過或許你這麼反而會助長一種荒謬的幻象：黑膠唱片又變回主流規格了，結果導致獨立藝人必須和愛黛兒去搶稀少的壓片廠檔期，但最終仍淪落至黑膠只是一種收藏品，大家真正聽歌時依舊是用串流。如果承蒙你光顧了四張黑膠的藝人走運，你家某個櫃子深處會成為他壓出來那一箱箱黑膠唱片最後的歸宿，而要是他更不幸，那一箱箱黑膠將成為滯銷的賠錢貨，他們只能自己吃不完兜著走。

無論如何，單純只使用串流也沒什麼不對。哪怕每個月只付十美元訂閱串流，你花的錢就已經超過大部分人以前花在錄製音樂上的預算了，而且這代表你也參與了由串流領軍的音樂產業復甦——雖還是現在進行式、未完善但前景看好。如果像我服務過的那類企業能構思出一項每月二十五美元的方案來提供比你現在所用方案更實惠的內容，那我大概也會鼓勵你去訂閱。但說實在的，當免費仔聽有廣告的串流音樂也沒什麼不對。用實際的收聽去強化音樂廣告業務，同樣有助於音樂產業的復甦。你可以把省

下來的錢拿去聽演唱會或買樂團的 T 恤。

但你當然也可以把這個錢拿去買有機農產品，或拿去讓你家小朋友上鋼琴課，再不然你也可以用這預算搬去一處你可以走路上班的公寓。音樂產業的利潤高低不是你的責任，音樂產業跟經濟體其他區塊之間的博弈折衝更沒有你的事。

你真的需要負起責任的，是你自身怎麼聽音樂，這包括聽音樂的行為本身，還有你透過聽音樂所對他人做出的示範。聽的時候請你帶著原則，帶著一種情懷，一種「若你聆聽音樂的規則可以有朝一日成為普天下的定理，那他們就會立法通過一個你所渴望的音樂未來」的情懷。

話說那得是什麼樣的定理，什麼樣的原則呢？這你當然只能自己去想。但若你對音樂的未來的想像和我一樣，也希望音樂成為和平、永續、平權的人類文明的共同語言，那麼我相信我們各自的道德判斷應該會推導出相似的結論。如果是這樣的話，不妨省下時間直接採納我這套簡明實用的原則：

（一）　音樂優先

如果你得在音樂跟其他其他方式之間擇一來打發一段不短不長的時間，請盡量以音樂為首選。如果你現在可以選擇做一件可以邊聽音樂邊做的事情，或是做一件不能邊聽音樂邊做的事情，請你選擇前者。如果你得在鴉雀無聲與音樂悠揚之間二選一，請你選擇後者。

音樂不是生活的全部，這我承認。我不會要我的家人在全家一起吃飯的時候陪我聽我選的音樂。我會開聲音看電影。我偶爾會開聲音看足球。我睡覺時得安安靜靜。但以上這些是我最大的讓步。除此之外我會邊聽音樂邊跑步、邊走路、邊開車、邊搭車、邊購物、邊工作、邊寫作、邊閱讀、邊打掃、邊修剪樹籬笆、邊等待事情。我會邊聽音樂邊閱讀報紙、部落格、社群媒體，但 podcast 完全不是我的菜。我覺得有聲書很棒，就像我也覺得點字書與（我看不懂的）外語譯本很棒。我玩遊戲會把聲音關掉。我看 TikTok 會把聲音關掉，除非我看的是跟音樂有關的短影片。我每週的行程是圍繞著星期五的新曲發行日曆來建構。我每年的規劃則是圍繞著這一年中的音樂大小事來排定。

　　愛你所愛，但不見得只有音樂。但要注意哪些事情佔據你的時間和注意力是出於習慣而非喜愛。根據 Spotify 波士頓辦公室電梯裡那個完全不重要、但我每天上下樓都會看個四十秒的資訊快報螢幕所顯示：美國人平均每天花五小時看電視。如果這說的是你，那就代表你有一些時間可以重新分配了。想看《冰與火之歌》？邊聽音樂邊讀原著吧。電視實境秀？你可以戴上耳機去真正的現實中走走。我希望我們所有人所創造的、播放的、思考的、談論的那樣東西，可以是音樂。加入我的行列，我們一起來一個個說服更多人，成為這未來的一分子。

（二）　活著的音樂人優先

　　▷　串流音樂為何能精準推薦「你可能喜歡」

過去是偉大音樂的寶庫。為了將脈絡賦予當下的音樂，我們完全有必要去學習認識過去的音樂。同時，湯姆・瓊斯（Tom Jones）既是一偉大的歌手，也是一本偉大的小說[1]，此外還有狄更斯、托爾金與艾倫・亞歷山大・米恩[2]、路易斯・卡洛爾[3]。藝術並不是晚近的發明。

　　但如果你想知道作為一個當代的聽眾，最理想的目標是什麼，我會說是去支持當代的藝術與現役的藝人。已經死掉的聽眾做不了這件事，還沒出生的聽眾有他們將來的歌曲要管。現在的這些歌曲只能由我們來顧。

　　我把這個目標看得很重，重到我視之為己任。每逢星期五，靠著產業級強度的 Spotify 內部版「新歌雷達」提供我三千首我可能會喜歡的新歌來挑（相對於常規版本只有三十首歌），我會列出了一至兩百首讓我最感興趣的當週新歌清單。週六早上我會去長跑，然後開始聽這張播放清單，接著用一整週的時間循環反覆地聽，一邊刪掉那些我聽不下去的，而留下的便是那些萬一出於某種原因這是世上會更新音樂的最後一週，而我也會樂於一播再播、百聽不厭的歌曲。到了一週的最後，我通常能把清單濃縮

---

① 《棄兒湯姆・瓊斯的生平》（*The History of Tom Jones, a Foundling*），通稱《湯姆・瓊斯》，是英國劇作家兼小說家亨利・費爾丁（Henry Fielding）的代表作，發表於一七四九年。
② A.A. Milne，《小熊維尼》的原作者。
③ Lewis Carroll，《愛麗絲夢遊仙境》的作者。

到一百首歌以下，至於聆聽的順序則會遵循某種我主觀的內在邏輯。

就我的情況來說，我還會用密碼般的編註，在每週的播放清單中加上註解，然後將之發布在 furia.com/newparticles 上。你不是非這麼做不可，但網路確實讓人得以把記憶外部化，而記憶一旦外部化，分享就變得可能。你同樣不是非得每週（或任何一週，或一輩子哪怕一回）去爬梳三千首新歌不可，除非那聽起來像是某種會讓你神魂顛倒、開心到忘記疲累的事情。但別忘了就在今天，全世界都有人在創作新的歌曲，而他們都盼著你能聽到自己的歌。給他們一個機會。

（三）　不要鼓勵毫無理想性的做法

然而不論你給或不給新歌機會，聽音樂總歸出不了太大的差錯。畢竟你聽老音樂，就等於間接支持文化遺產與檔案管理員。聆聽還不是很多人知道的音樂，有助於音樂的民主化與權力分散，而聆聽紅髮艾德或泰勒絲等大咖，也可以讓音樂站穩文化中心的位置。

我相信音樂是人類最擅長的事情，但我們的另外一種特徵是願意為了一己之私而搞砸幾乎任何事情。有人可能覺得無條件基本收入可以降低人的這種動機，而我也希望我們能有機會去對此一探究竟，但如果無條件基本收入做不到這一點，我是不會特別驚訝，更何況人這種動物就是會做一些損人不利己的事情，只因

我們不完美，我們會見不得人好，我們會聰明錯地方。

　　所以我這唯一一條負向的規則就是盡量避免姑息、支持或放大這種人性。而關於這一點，我們可以從一件事做起，那就是學著體認到自身的惰性，因為人往往都是在惰性發作的時候最難以抵禦有人對我們打著某種意義的幌子，對我們兜售不知所云的雜訊。在音樂的範疇裡，這種雜訊往往會化身為廉價而並無藝術成分可言的東西，被重新包裝成名義上可發揮某種功能的作品：由無名或子虛烏有的合奏所拼湊出來的晚餐爵士樂或讀書良伴音樂；粗製濫造，只是換個速度的運動用混音配樂，作者是一個叫「每分鐘一四八拍最大運動量」的 DJ；趕在正版在串流平台上架前，急就章弄出來的山寨版新歌翻唱；或是手段下流的搜尋引擎優化之戰，爭的是對你稍微輸入錯熱門關鍵字時的結果控制權。

　　而這些算得上陳腔濫調的音樂詐騙，至少通常可以讓人一眼識破。

　　他們必須使勁混身解數來愚弄你，而這在本質上就會讓他們漏餡。如果一張專輯叫做晚餐爵士樂經典，作者是抒情爵士大師樂團，而專輯封面是一張俊男美女頂著完美的髮型、手拿白酒酒杯在那裡談笑風生，那看似是你今晚會想要擁有的生活，但那並不是張真正的專輯。我們可以比較一下一張一九五六年，封面上有一幅簡陋的黑墨手繪圖上能看到幾隻手指在演奏小號的《快意即興》（*Cookin' with the Miles Davis Quintet*）專輯。這是一張貨真價實的專輯。你今晚就可將之放給你的朋友聽。（邁爾士戴維斯在

一九九一年去世，所以這違反了我關於活著的藝人優先的第二條規則，但我討厭爵士樂又滴酒不沾，所以這派對我去了也不會覺得好玩。）

當然詐騙也會日新月異，畢竟社會上沒有人不會與時俱進。我咬著牙在期待著的是「人工智慧」音樂。不在乎音樂人的朋友們會試著製作能動態調整並產生音樂的電腦系統。如果這做得像一回事，弄出來的晚餐爵士樂會看起來天眞無邪又討喜。音樂是一種人類創意的交流。人工智慧生成的音樂就像可以替你吃晚餐的機器人，都是哲學上一種有趣的刺激。但不要去獎勵這種行爲。抵制那些想把你的孤獨感包裝後回售給你、讓你以自我爲中心的科技。你要捫心自問自己想要的是什麼，然後堅持要如願以償。承認你不是每一次都知道自己要什麼，且要堅持讓有益於你探索的不確定感能像你暫時形成的信念一樣受到鄭重的對待。你要去要求演算法贏得你的信任，守住你的信任。尋找音樂的心態要像你在網路上尋找其他東西一樣專心致志，你要知道你沒辦法每一次都一舉中的，但只要你多滾幾輪滑鼠，得償所願應該有蠻高的機率。

（四）　帶著尊重，歡迎陌生的旅伴

把全世界的音樂集合在一起所帶來最棒的禮物是你得以立刻直搗其他文化的核心。這並不是全然無害的事情。雖然個別聆聽的匿名本質可以在表面上做到不被閒雜人等私闖，但串流從來不

是可以不掀起任何漣漪的東西。你已經聽下去的東西會改變你接下來播放的選擇，會改變播放的次數統計，會改變粉絲的組成模式，會改變聽眾的集體知識。所幸這大部分都屬於好的改變，都可以成為一股力量去連結文化跟模糊人與人之間的區隔。帶著好奇心去聆聽，那事情基本上都不會出大紕漏。你需要注意的只是不要怕，偶爾可以停下來問幾個問題。

（五）　分享你的喜悅

而說實在的，我們可以把這種開放性拓展到萬事萬物，而無須止步於驚訝與補救。串流與你戴著的耳機會孕育出一種唯我論的幻象，而演算法的個人化又進一步深化了這種幻象，彷彿你的聆聽生活就是你的孤獨與無所不知的串流服務兩者之間的對話。想逃脫這兩種情緒的陷阱，就得將你的愛向外轉動，就得使用這份愛建立連結。

分享你的音樂。把朋友可能會喜歡的歌寄給他們。你可以對陌生人大放厥詞而且滔滔不絕，把你發現的事情發到網路上，套上你購買的樂團 T 恤，在你的音域裡找兩首歌，好讓自己不再視 KTV 為畏途。休個假去某個當地音樂合你口味的地方走走，吃吃看哪裡的食物。我們可以讓自己化身為和弦，但前提是我們得先願意開口讓歌聲被人聽見……

……還有聽見別人。分享是雙向的。分享有一半的喜悅來自於得到。想弄清你該把自己的哪些歌分享給哪些朋友，你必須

在乎他們喜歡什麼，必須願意透過傾聽去發現他們喜歡的理由。明白你的愛有多少價值，就等同明白了愛。但這我們是做得到的。我們手握音樂。對於愛我們需要知道的一切，都藏在某個地方——的某首歌裡。也許下一首歌，會是你最愛的新歌。

＃第25章
演算法的責任

我們如何把良知寫進程式碼？

　　我們的愛在線路中穿梭，或在看似空無一物的空氣中沿著無線線路穿梭。我們為了分享愛而做的嘗試，就像我們聆聽音樂，都得透過這些運算系統來傳輸。而這些系統，反過來又是由人所打造出來，包括像我這樣的人。我靠這個吃飯已經十年了。這並不是我計畫中的事，我原本是當搖滾明星的。手裡揣著把吉他我還是能秀個兩手的，可惜能秀個兩手跟能讓人看得趣味盎然，終究不是同一回事情。但如果把吉他換成電腦，我能讓它做的事情就多了，而且這當中也包括一些能讓人看得趣味盎然的事情。

　　聽到這裡你可能會有點擔心，如果沒有那我建議你還是擔心一下為宜。我說的「趣味盎然」是什麼意思？天曉得我們是不是在訓練機器人來毀滅人類？運氣還不錯的是，以撒・艾西莫夫（Isaac Asimov）眾所周知地已經預料到會有這天，並未雨綢繆地提出了一

組「機器人三法則」（Three Laws of Robotics）。這組三合一的法則昭告了機器人：（一）不得傷害人類，或坐視人類受到傷害；（二）必須服從人類命令，除非該命令牴觸了第一法則；（三）得保護自己，除非這麼做牴觸了第一或第二法則。

一想到這三法則能被拿來告誡機器人，會讓人就算是錫做的心也暖了起來。不過艾西莫夫畢竟是科幻小說作家，所以嚴格講他不是在「提出」這些法則，而是在設想一個這些法則屬於現實的未來。讓機器人三法則得以首次登場的小說，寫成於一九四二年，而在那本小說中，三法則的出處是二〇五八年一本已經出到第五十六版的《機器人手冊》。若我們當它在故事裡是每年改版一次，那倒推回來，這本書在我們的現實中早該寫出來了。

但事實上，現在的我們距離這種假設性的人工智慧發展進程，還差了十萬八千里。我們壓根還不能期待「機器人」可以在任何意義上有能力（遑論意願）有如人類一般地遵守規定。不信你可以對你那輛有自動駕駛功能的車子念念看這些法則，看看它理不理你。只要有機器人有能力遵循這些規定，幾乎就等於它們有了自主意識，由此它們會體認到所謂的三法則不僅僅不現實，而且還根本就是終極濃縮版的種族歧視：三法則實實在在只做到了一件事情，那就是彰顯了某個族群莫名其妙的相對優越感，而劣等族群的種種行為都要以此為基準，才會有意義。我會以為我們已經想通而棄絕了這種從根本上將機器擬人化的概念，但也許我們只是延後發作而已。而無論如何，很明顯在可預見的未來，任何機器人三法則都必須講給機

　▷　串流音樂為何能精準推薦「你可能喜歡」

器的人類製作者聽，而不是說給電腦程式聽。機器會幹些什麼，都是看我們的設計與規定。這當中的道德責任，得由我們挑起。

　　音樂推薦、音樂分類、音樂發現等演算法都被網開一面，既沒怎麼被要求要去訂立定義機器人有無自主意識的邊界，也不像那些不該貿然推出的自動駕駛車得處理攸關生死的突發狀況，但其實在道德層面上，這只是程度上的差別。我的工作就是在開發這類的演算法，這代表我必需對它們做出的行為與產生的效應負起責任，畢竟它們影響了聽眾如何度日，也影響了音樂人如何謀生。要讓「全世界的音樂在理論上可以供所有人取用」一事對個別聽眾產生任何實質上的影響，我認為演算法的中介有其必要。同時我也認為這是一種值得稱許，也值得為此去承擔責任與風險的目標。

　　在我寫這段文字的當下，軟體演算法基本上處於一種官方與私下都不受監管的狀態。大部分迫使我們接受讓演算法介入我們生活的人類組織，大概都只會對此集體聳聳肩膀，而如果他們願意回應也大都是「放心吧，我們不覺得會有什麼問題」之類的話。我大致上信得過自己，但你其實沒有什麼理由要相信我，而顯然你和我都不應該沒事就相信別人，尤其是那些躲在大公司裡行動的人。我們常常甚至不曉得是什麼演算法在影響我們的體驗，也不確定這些演算法是否在給予我們與彼此不同、又或者與任何人都不相同的體驗。如果我們連我們是不是有著所謂共同的體驗都無法確定，那想要共有一種現實還真是有點難。

　　但我覺得，想像出一組應該用來規範演算法的開發與使用的

道德原則，其實並不這麼難。一如大部分為理清道德準則所做的努力，這些原則要從根本性的公開透明開始。諱莫如深是一種病。只要是演算法都應該要可受稽核。這話聽起來雲淡風輕，但親身從事演算法設計的經驗讓我深知我們不會一一稽查演算的結果，甚至我們也不會一邊設計，一邊顧慮它們的可稽查性。「認為商業用途的演算法應該讓使用者有權稽核」這個概念不僅在商業上相當激進，在技術上也很具挑戰性。我們不僅仰賴未經揭露的演算法來獲致競爭優勢，同時在某種程度上，這些競爭優勢又是往往更關乎「知道有祕密演算法存在」這件事，而不那麼在於這些演算法的祕密本身。任何一種實質性的可稽核性想要達成，都並非易事，乃至於都可能需要政府出手干預市場來打破競爭業者之間的賽局理論僵局。但可稽核性本身還是不夠的，可稽核性只能讓道德論述得以發生。我們會因此得以去制定規則、評估我們有無遵守規則。但可以歸可以，我們仍需要確切寫出規則。於是關於一個涉及演算法的未來應該要以什麼樣的基本規則為起點出發，以下是我試著進行思考的結果。

　　任何一種中介人類互動，並根據參與者的隱性資訊來創造不同連結的系統，都應該要遵循以下的幾種道德原則：

（一）合意

　　個人化必須出於個人選擇。亦即作為個人化的接受者與理論上的受益者，你必須被清清楚楚地告知你獲得的答案與別人不

同，同時你要能看見在非個人化的狀態下，你會得到的是什麼樣的答案。你面前應該要有一個開關可以撥動，以此控制個人化的啟動與關閉。維護這樣一個開關應該不是難事，因為系統在認識你之前，也絕對不可能在那閒著，所以要在一關一開之間重啟對你的個人化，系統絕對是做得到的。

另一方面來說，藝人也應該要有選擇的權利，可以在牽涉到他們作品的特定商業運作中或進或出。在音樂產業裡，這通常是一種粗糙到令人驚異的二元決定，一切都取決於你簽或不簽唱片約，乃至於你是不是要去找獨立的發行商。演算系統有潛力可以利用演算法去發布跟回溯細分或知情的合意，而不只是二元的抉擇。你會希望你最近一張專輯中間的沉靜演奏曲被放進專為美國中西部被動聽眾所設計的「冬日午後毛毯」播放清單，成為其背景播放清單裡的額外三分鐘內容嗎？也許不會。既然不會，那你就需要一個開關。

像這樣的開關，現在還沒有很多。有時候你可以自行去模擬這樣的一個開關，主要是你可以用瀏覽器的無痕模式去搜尋或購物，但有時候你連這樣的自助式開關都沒得用。你可以用 Spotify 的網頁介面或可程式化的應用程式介面[1] 去在未登入的狀況下進

---

① API（Application Programming Interface），為應用程式之間的橋樑。它讓開發者取得資料或功能，不需關注內部細節。舉例來說，就像在飲料販賣機上按下按鈕取得飲料一樣，API 提供簡單的指令（按鈕），讓程式能取得特定結果（飲料），而無需了解販賣機內部的運作原理。

行搜尋，看看你在屏除了搜尋結果個人化的狀況下，可以找到哪些東西，但這樣子你沒辦法好好聽音樂，所以你不太可能經常這麼做。開關個人化應該要輕鬆寫意如家常便飯，不應該尷尬費勁而九彎十八拐。

（二）透明

　　如果有個系統會根據它認為它對你的所知去給你不同的答案，那這些不同的答案就必須被貼上標籤並獲得解釋。只要我們接受了第一條規則，並且有了非個人化的結果可以和個人化的結果比較，那貼標籤還算容易。但要解釋這些差異，需要高到離譜的技術門檻，卻只達到低得可憐的道德標竿。那些熱衷於黑箱般的深度學習擁護者，會抗議說機器學習的結果本質上就不是每次都能好好解釋清楚。

　　但這對我來講，恰好就是重點中的重點。一件事情如果無法被解釋給你聽，那要你「知情同意」就是強人所難。自動駕駛的車輛若解釋不了它為什麼轉彎，它就不應該獲准上路。在這個標準上，Spotify 跟大部分東西都算是半斤八兩。每週新發現與新歌雷達並不能解釋它們的歌單是怎麼挑出來的。大部分的搜尋結果都在我們沒注意或沒被解釋的狀況下，完成了個人化。Spotify 的首頁對其動機與組織架構，基本上都沒有做出交代。

　　而總算還有一些比較有擔當的例子存在於由演算法中介的世界裡。Google 偶爾會放一些你已經前往過的相關網頁在搜尋結果

的最上層，並會在旁邊註明你是何時跟如何去過這些網站。我們這個產業幾乎都已達成共識，不論是哪一種搜尋結果，有人付費的條目都應該被標明出來，那會是解釋這些人為什麼要花這個錢（它們花這個錢究竟買到了什麼），很好的第一步。假設你是個平常會聽日暮頌歌的人，那 Spotify 的首頁便會偶爾給你一排推薦歌曲，且在標題處用「因為你聽過日暮頌歌」取代簡單的「為你推薦」。

我個人恰好有這樣一個信念，那就是一個流程愈是簡單，其所產生的結果在本質上愈是直接、好解釋，那其產生的也往往會是比較好的結果，但你不需要在這一點上同意我——前提是你能解釋你為什麼不同意我。

（三）控制

但光是能解釋為什麼，也還是不夠的。合意讓一場對話得以開啟，而對話的兩造一邊需要透明，另一邊則需要控制權。若有個串流平台會根據你的收聽狀況給你推薦，那讓你能選擇跳出去僅僅是個開始而已。你還應該要能夠控制平台給你推薦時所根據的，是什麼樣的收聽狀況。也許你並不想讓你獲得的推薦來自於你特意用耳機聽的撒旦黑金屬，還是你跟孩子邊拼拼圖邊聽的音樂劇歌曲，抑或是你跟另一半說好，要在去拜訪親戚的車程中聽的小妖精樂團（Pixies）。你應該要能移除平台推薦裡的個別因子，或是將這些因子孤立起來。一個全由音樂劇歌曲組成的每週

新發現，不好嗎？

　　這可能聽來像是我們在索取一種新功能，但我覺得這其實是一種演算法該負的責任，且牽涉到的因子愈多，這一點就愈沒有爭議。你應該要能知道自己的年齡與性別什麼時候正被鎖定，並應該要能選擇退出其中一項或兩項。整體而言，我很樂見Facebook 根據我著迷於跑步用男性緊身褲的口袋設計而對我推播廣告，但我並不想看到半個螢幕上都是我考慮要買給老婆的生日禮物，也不想看到一堆在做完功課後很慶幸我應該是沒得到的病症的相關療法廣告。

　　轉個方向，這些事情也應該適用於藝人。身為藝人的你，除了應該要知道你的音樂在哪裡被推薦，也應該要知道你的音樂在哪裡有資格被推薦。這所謂的知道，不應該是生米煮成熟飯的推薦狀況報告，你只能吞下去，而應該是一個你能夠發表意見的機會。你應該要有能力做出一些有意義的決定，而不是只能簽署切結書放棄某些權利。

　　所以沒錯，演算法納管的因子愈多，其牽涉到的合意、透明與控制問題就愈繁瑣，而我認為這一點也沒有關係。我們愈是希望把更多的控制權加諸到人的經驗上，我們自然就應該付出更多的勞動。要是我們不願意付出這樣的代價，那我們就應該乖乖回到那些沒那麼多東西要輸入的簡單方法上。也或許我們本來就應該回歸那些簡簡單單的做法，不要過多去干預別人的經驗。

（四）問責

　　這個「或許」在這，是一個關鍵字，因為我認為最後的這第四個規則，是我們有知情權。如果我們真的把種種個體的經驗個人化，那我認為其集體的結果也應該開放給所有的參與者知道。哪些藝人確實被演算法推薦到了本週的每週新發現上？還有多少人也看到了跟我同款的跑步緊身褲，乃至於因為那些我不需要的軟膏廣告，我錯過了什麼？

　　沒有這些，平台與使用者之間就不會有良好的互信基礎。每週新發現公平嗎？抑或那只是個匯集了金錢收買與腐敗，臭不可聞的糞坑？答案我知道，但我依法不能向各位透露這些答案所對應的資料。你不是非信任我不可，且就算你信得過我，你也不應該指望我問的問題剛好跟你想問的一樣，才能讓你的問題得到解答。

　　一如另外三個原則，這第四個原則也大抵同樣在有助於我們與演算法和平共處之餘，也有助於演算法的開發。我們在 Spotify 啟動很多專案，靠的都是只看它們對個別聽眾所產生的孤立結果。最終有某人想到要把這些演算法拿去跑全體聽眾，看查出來的集體結果會顯露什麼。結果這些結果無一例外，都非常有趣，而且動輒都會成為我們真正開始明白自己在做什麼的轉捩點，

　　一個絕對清楚到令人討厭的事實是，大部分現行的個人化系統──包括但不限於音樂──都通不過以上某些或全部原則的檢驗。大部分我在工作上經手過的演算法系統，包括大部分由我自

行研發調校的演算法系統，都還沒有準備好迎接這種道德獲得弘揚的明天。鉅細靡遺的謙遜與鋪天蓋地的開放性，比起不容挑戰的權威與恣意妄為的便宜行事，前者的實現永遠都更加困難。這些給人類的道德準則難保不會有朝一日，抽象到放進艾西莫夫的科幻小說裡也毫無違和感。

但最我希望並覺得這些規則至少不會淪為箝制別人的工具，而應該要是我們用來合作與共存的利器。合意、透明、控制與問責結合起來，不是一個用來懲罰人的框架，它們其實是讓我們得以從平地蓋起大樓的道德鷹架。一旦這四樣東西有所短少，它們就會指出一條路來，讓我們去組織我們的抗議，也去籌備它們該獲得的補保。這世界的聆聽屬於這個世界，而不屬於機器人或大企業。由此我們不僅必須使用我們關於聆聽的知識，去為了我們每一個人的福祉擘畫出讓人幸福洋溢的願景，我們還應該去孕育這個願景，使其風華日盛。

＃第 26 章
那現在呢？

全世界的音樂都有了，我們下一步該怎麼走？

所以這一切的一切帶我們到了什麼地方？或者，與其問我們是被丟在哪裡，不如問我們是找到了哪裡？在所有我們可以衝撞或思索或培育的事情當中，哪些至為緊急，哪些又可以為我們的未來指出一條明路？哪些是我們可以容忍的不確定性，哪些是我們在採取任何行動前必須堅持給出交代的問題？

這些當然並不是什麼新的謎團。「下一步該怎麼走？」這個問題就坐在我們鬧鐘的上面、看著我們睡著的模樣，所以每次我們從夢境中被喚醒的時候，一伸手就會觸碰到它。像串流音樂降臨這種喊得出名號的重大改變，其實很少見，是以我們會感覺它們彷彿有自己的規劃，而我們只能被動地接招，但這其實是一個視角上的幻象。讓這類改變發生的，是我們。我們催生出音樂串流，是靠著我們所有人 —— 藝人與粉絲與工程師與機會主義者與

小偷——的共同行動。我們偶爾是以一個整體或間接的方式決定了它如何演化，但也有些時候，我們是靠的是固執的個人堅持與寸土不讓的眞摯信念。

而也許新問題，壓根就不存在，有的只是舊問題的各種變形，而這些變形的源頭，是兩個不管被回答多少次都不會消失的問題：我們拿這種恐懼怎麼辦？我們拿這種喜悅怎麼辦？

我們建立社會結構是爲了舒緩恐懼。或者我們建立社會結構是出於其他沒那麼高尚的理由，之後我們才試著調整成能讓這些結構發揮監督和警告的功能。這是系統性的道德責任：讓權力從集中走向分配。由此我們得要天眞到一個不行，才會去想像資本主義結構物如唱片公司與串流業者（特別是股票公開上市的那些）在藉由其本質特性囤積權力之餘，還會自動自發地在追逐個別商機的過程裡與音樂未來中的集體人類利益保持對齊。這基本上在任何領域裡，都不可行。但私利有種辦法被導入集體利益，那就是透過法律。音樂產業或許需要更多法律規範。而作爲一種全球性的結構，音樂產業多半需要世界通用的法律，也因此精於法律之道的各政府得以有機會去以身作則。法律的運作，靠的是讓我們有一個依循道德行事的藉口，所以說我們也需要道德良俗，才能讓守法的精神與守法的行爲都有一個依託。

我們建立社會結構也是想放大喜悅。這是一種追求幸福的道德責任：遠離悲慘的人生，朝向喜悅而去。若說用來對付恐懼的法律是透過權威式的溝通框架，再以家父長制的模式運行，而

帶來快樂的社會結構就沒有什麼明文規定、更偏向由個人化的體驗來主導，重點是比起我們想避免讓什麼事情發生，喜悅更源自於我們容許哪些事情發生。這可以由我們自身做起，可以由你做起，可以由你如何走在街上做起，可以由你在螢幕上點擊了什麼做起。但喜悅要真正能開花結果，還得等到我們個別的行為積少成多，變成一股社會上的風氣。以把車子留在家裡，靠雙腿或腳踏車前往目的地為例。走路的人多了，人行道就會跟著變多；人行道多了，賣墨西哥塔可餅的餐車就會變多；塔可餅變多了，行人又會進一步變多。騎腳踏車的人多，自行車道就會多；自行車道多了，噪音與車流就會變少，音樂就會流進由噪音讓出來的聲學空間。城市便舒服了，空間的共享與文化的並陳就會變多，暴露在多元文化中的機會變多，相互理解的程度就會提高，互為增強的好奇心也會變多。音樂會邀請我們進到彼此的心中，也進入彼此的希望之中。

我們寄託希望的空間，有時候是實體，有時候是概念，但不論虛實，兩者都一樣真實。把全世界的音樂聚集在一起，無異於把我們所有人聚集在概念性的空間裡，讓我們在當中獲得助益或遭到傷害。但這些並不是自然現象，它們是遵循認知上道德責任的人類構念，所以我們必須因此更深入理解關於結構、權力與喜悅。無知會造成阻礙，透明則能將來龍去脈釐清。我們有理由去質疑技術人員背後的那些隱藏的動機與觀察不到的行為，且不論我們是不是他們當中的一員。我們有理由去將問責入法，有理由

去要求回答。

　　那現在呢？下一步呢？我只能說一切都有可能。最好的答案不會把問題一次搞定，而是邀請它一起去冒險。去聽、去唱。別讓世界毀滅。用準備好被改變的心情去聽下一首歌。允許改變發生在自己身上。明白愛不是一種化約，而尋求你最喜愛的歌曲是一條向外——而非朝內——而去的螺旋。我期盼中音樂的未來不是一個讓我們所有人朝之匯集的已知之地。那個未來，顯然不是一本按圖索驥就可以解開的習題。沒有人可以靠條列出其想像中的定義，或是在聲音的迷宮中摸著正確的牆壁，就這樣尋覓到自己最愛的歌曲。

　　所以面對眼前這諸多棘手的未知，我們身為聽眾應該如何採取行動呢？身為音樂人呢？身為腳踏音樂與科技兩條船的人呢？身為一個人類呢？確切來講你要如何找到自己最新的愛歌？這些問題只有你能給自己答案，但也許我已經稍微示範了我是如何得出屬於我的答案。我會試著找出我還不懂的東西，然後我會試著搞懂它們。我會試著品嚐一知半解的滋味。我會試著用數學加乘喜悅與愛。我會試著記住一件事，那就是即便還不清楚怎樣做才對，我也有辦法少犯一點錯。我的目標是不當機器人的老師，不讓它們愈來愈精準地抓到我們最愛做的某一件事情，我的目標是要讓它們對所有我們希望能更加去愛的大小事情，都能日益有個廣泛的概念。我確信天底下沒有哪種「噪音」是不重要的，甚至我確信它們在重要性上不分高低。而那就是我對你們跟大家的期

許。我希望我們所有人，都能有志一同地秉持這種信念。我希望我們可以一起有被解放的感受，能感覺自己是解放者，能感覺音樂除了是一種媒介，也是我們存在意義的一種表達，能感覺我們的存在確實有其意義。我希望我們能分享我們原本不會分享的歌曲，能在我們明明可以宅在家的時候出門探尋，能因為聽到別人的蛻變而意識到自身的潛力，能敞開心胸，然後將之填滿，並由此去組成由一顆顆心組成，裡頭有滿滿音樂與愛的合唱團。

▷ 後記

＃致謝

　　我念小學的時候，我母親曾在學年初走訪了一間教室，並向我的老師問起了「創意寫作」的事情。「喔，我們有上創意寫作啊！」我的老師據說是這麼說的。事實上老師一邊這麼說，一邊還驕傲地用手指起了掛在教室四周的作品，上頭全都是用彩色鉛筆完成的英文草寫練習。那天之後，我在家就被指派了寫作的補強課程，期間我常會試著作弊，意思是我會自己發明一些搞笑的前提或限制來讓作文的功課不會那麼普通，也不會那麼無聊。對此我媽媽的自制力讓我非常佩服，她竟然能忍住不向我點破我自以為聰明的作弊，就是所謂的創意寫作。

　　除了我媽，還有很多人在我從會創意寫字進化到會創意作文的過程中，提供了實質上或士氣上的支持，不過若論誰對這本書的寫成貢獻最大，那恐怕還得是布萊恩·惠特曼（Brian Whitman），殊

不知是他共同創立了回聲巢，並將其經營地有聲有色到需要增聘人手，才讓我在自己準備好迎接新工作，而音樂資料也準備好化身為一份工作的時候，有了這樣一個水到渠成的機緣。「是說，你好像應該來這裡上班，」他在我去面試到一半的時候突然來了這麼一句，而他這話與其是說在為我背書，不如說是認知到我們是同道中人，我們都想開創同樣一個更好的未來。也許甚至是一個會讓他有點後悔的未來，就像他早知道我終究將把我們共同未來裡屬於他的部分拿來改善一番。抱歉，也謝謝了，布萊恩。

我持續從事音樂寫作已經幾十載，但這本書的問世少不了得感謝回聲巢這家公司與跟我一起在那裡努力過的大家，少不了得感謝 Spotify 與跟我一起在那裡打拼過的許多好朋友，少不了得感謝上述兩家公司裡、在一場場會議裡、在許多教室裡、還有在各線上論壇裡跟我爭論過音樂、未來、倫理與科技的每一位。我的 Google 文件原本還只是一本回憶錄的大綱，所幸有 WGM 大西洋經紀公司（WGM Atlantic）的葛雷格・莫頓（Greg Morton）、麥德蓮・卡特（Madeleine Cotter）與尼姬・勒維克（Nicky Lovick）幫著我將之變成一本有其主旨的書，只不過書的內容在當時還跟這個主旨連結地有點剪不斷理還亂，所幸這時又有坎伯里出版（Canbury Press）的馬丁・希克曼（Martin Hickman）挺身而出，英勇地扛下了一項挑戰，那就是押著我去把不要說全部，至少是很多多餘的副詞給拿掉。我省下了這些副詞，因為下本書可能還用得上。馬丁還說服了我拿掉了一條兩萬字的支線講的是電腦科學

家埃德加・科德（E.F. Codd）與「關聯式資料庫理論」（relational database theory），所以等於我下本書的題材也有了，書名就叫《第五熱血正規化[1]：資料鍊金師之搖滾歌劇》。

我要感謝傑特・普迪（Jet Purdie）替我設計的封面，還有法國阿歇特出版（Hachette France）的班諾・彭圖（Benoît Bontout）用很正面的心態，把他對一本我不想寫的書的熱情轉移到這本書上來。

當然我一定要感謝的還有我的家人，畢竟他們可是包容了我「有書要寫」好長一段時間，才確認了我到底是不是真的有本書在寫。最終我要感謝看完這本書的你，還有聽音樂、做音樂、想音樂、愛音樂的每一位。音樂這艘船上有你我同在，所以這一切才會如此精彩。

---

[1] Normal Form，資料庫學門的術語，指的是資料庫設計的一系列原理和技術，目的在於減少資料庫中的數據冗餘，增進數據的一致性。首先提出正規化概念的正是關聯式資料庫理論的發明者埃德加・科德，他在一九七〇年代定義了第一正規化、第二正規化和第三正規化，至於第四與第五正規化則由朗諾・法金（Ronald Fagin）於一九七七跟一九七九年追加提出。

＃十張播放清單：某些人的愛歌

你可以找到自己的愛歌，這一點你無須與集體或個別的其他人所見略同。但就像你的愛歌會有趣，其他人的愛歌通常也都蠻有趣的。所以如果你好奇的話——好奇是一種美德——這裡有我用各種手段製作出來的十張播放清單，為的就是去窺探其他人的音樂與內心世界。

（在你的手機上點開 Spotify 應用程式裡放在搜尋頁面右上角的相機圖示，然後將手機鏡頭對準下方每一張清單的條碼〔Spotify代碼〕，即可前往。

(一)萬物的聲音／The Sound of Everything

　　從我們在 Spotify 上追蹤的六千多種音樂類型中各依熱門程度與類尋相關性，由演算法挑一首歌出來，然後按類型名稱的字母順序排列。清單主頁上的說明欄裡還有一個連結通往這張清單的註解版，但不看註解，用盲聽的方式去猜猜看每首歌各屬於什麼類型，也是這種清單的樂趣之一。這有可能是人類有史以來製作過單一最棒的全球音樂樣本，其根據的是聆聽的拓樸結構，而不是政治版圖或地理分布的劃分。

（二）不朽的聲音／The Sound of Immortality

　　發行於西元兩千年之前，但在二十多年後仍未掉出 Spotify 前兩千名榜單的歌曲。甚至有時候這些老歌不是還在紅，而是重新翻紅。「過去」這種東西會一會兒聚焦，一會兒失焦。如果要我向外星邦聯的代表團簡介人類的音樂，那麼我大概會從這張清單開始介紹。這些吸引了最多人目光的歌曲，也間接描繪出我們是什麼樣的人。

（三）音樂（或愛）的歷史回顧／A Retromatic History of Music (or Love)

　　一條用演算法嘗試繪製的流行音樂時間線，單位是年，時間範圍是從一九六〇年到二〇二三年。當中的歌曲是由演算法回顧熱門程度後挑選出來，因此才有清單名字裡的「回顧」一詞。我把單一音樂類型的歌曲數限制在兩首，因為我想跟著愛的流動穿越各式各樣的音樂，而不想讓這張清單變成各排行榜的複製貼上。發行日期據稱是不太可信的資料，就像人的記憶一樣，但我們盡力了。

（四）各國的聲音／The Sounds of Countries

從有人在聽 Spotify 的國家裡，一國挑一首歌出來，選擇的標準結合了歌曲於某國的絕對熱門程度與該首歌曲在某國之收聽量對應的全球流行度佔比。其實這個「某國」指的是該首歌格外熱門的國家，而那不見得是該首歌的母國，只不過各國百姓確實通常都會對自家的音樂子弟特別捧場。

（五）一片歌手／One Hit Wonderment

　　一片歌手這種說法是一種由來已久，但心眼有點壞的頭銜，而被授與這種頭銜的人，顧名思義，就是那些只紅過一首歌曲的藝人。不過這種挖苦其實有點誤導，因為絕大部分的歌手一輩子都沒一首歌能紅，所以紅了一首已經是人中龍鳳。這個有點宅的概念之所以能活這麼久，主要是跟其評斷標準的爭議不斷有關。一名歌手第二紅的歌曲要不紅到什麼程度，其存在感才能被判定為「不算數」？總之這張清單是我用電腦運算出的版本，裡面是根據 Spotify 的全球熱門程度排行，前一百名「一片歌手」的代表性歌曲。

（六）一片歌手的反面／The Opposite of One-Hit

但說起如何「不回答」各種刻薄的問題，我最愛的辦法是把問題轉一圈再丟回去。如果一片歌手找的是那些形單影隻的奇葩，那這張播放清單就是用演算法去把與一片歌手代表作的反面量化，而如此得到的結果就是：超熱門的藝人名下最冷門、藏的最深的流行歌曲。這些歌手你應該（大部分）都很熟，但清單中的歌曲你恐怕很多都沒聽過。

（七）新粒子試聽片／New Particles Sampler

　　在 Spotify 任職並研發音樂發現工具的大部分時候，我對這些工具有一種私房的壓力測試，那就是把它們用在我自身的聆聽行為上。你想知道一樣東西的侷限與缺陷在哪裡，永遠只有一個辦法，那就是親自體驗它。新粒子（New Particles）是我從二〇一五每週更新到二〇二三年，歷時四百五十四個禮拜的個人播放清單，裡面有我每個禮拜最喜歡的新歌，並按照我私人的關聯邏輯進行排列。至於新粒子試聽片裡，由每週清單上的第一首歌集結而成，你可以將之想像成聆聽日記與熱門金曲的綜合體。我並非什麼類型的音樂都喜歡，但我喜歡的類型相當廣泛，所以你可能會討厭某些我喜愛的歌，即便我們有共同的愛歌。但我也不是任何時候都來者不拒，而有些歌曲是你如果給它們一個機會，有可能會慢慢讓聽出滋味。你可以考慮看看。我絕對沒有自大到敢說自己的音樂品味比誰的要更有趣、更有脈絡、更能說服別人，或者更重要，但你不也才剛讀完一整本書裡都是我對音樂的淺見嗎，你就當我是秉持著透明與分享的精神來提供這張播放清單。

（八）外骨骼：非金屬歌曲的偉大金屬翻唱／ Exoskeleton: Great Metal Covers of Non-Metal Songs

　　我製作了很多翻唱的播放清單。通常這些清單都是特定新熱門歌曲的翻唱合輯，當中的每種翻唱都代表種不同的詮釋，而我會在原作還相當熱門的時候就囤起這些翻唱作品，然後將之放下，往下一站前進。話雖如此，我還是有兩個追蹤翻唱的計劃在持續進行。第一個叫「外骨骼」，也就是我收藏偉大金屬樂團翻唱非金屬歌曲的主清單，主要是這種翻唱現象始終讓我覺得十分神奇，且這種神奇感從我第一次聽到猶大祭司以其極盡翻攪之能事的風格翻唱〈鑽石與鐵鏽〉（*Diamonds and Rust*）開始，就一直延續至今，要知道我從小聽這首民謠吉他神曲的印象，就是原唱瓊・拜雅（Joan Baez）那傷感的嗓音。儘管「金屬」和「非金屬」這兩個詞彙在定義上仍有爭議，但通常只要將兩者相比對便能彼此釐清。

（九）去年的聖誕節／Last Christmas

我另外一個在進行中的翻唱追蹤計畫是一種病態的迷戀：顯然舉世無人沒有一股執念想要翻唱轟合唱團（Wham）的〈去年的聖誕節〉（*Last Christmas*）。每年我都會做一張播放清單來收納所有我能找得到，從去年聖誕節以來被新翻唱出來的〈去年的聖誕節〉。這是一個手動選編的過程，但我也免不了用上了個人化搜尋工具的協助。由此就有了這張集所有〈去年的聖誕節〉翻唱於一處的主播放清單。你不可能把整張清單聽完，而我也不建議你這麼做，我是說連試都別試。但如果說大部分播放清單可以讓你體會到全世界所有音樂有多寬廣，那這張清單則讓你意識到這世界的音樂可以有多深不見底、不時可以有多荒謬。

（十）隨機的歌曲／Random Songs

下一首你最愛的歌，當然，並不一定已經是任何其他人的愛歌。這是一張隨機歌曲的播放清單，單純靠隨機數字生成從 Spotify 的完整曲庫所選出。曾經我還在 Spotify 任職時，這張清單會逐日重選並更新，而這裡你看到的是我在那裡的最後隨機一千首。這清單不是為你個人化的，也不是根據熱門程度所篩選或認證的，再者它的組成也沒有考量到一體性或甚至這些歌曲究竟能不能聽的問題。這不是一張我覺得它正常的清單，也不覺得它能派得上什麼用場，基本上我把它製作出來，只是因為有人一直追著我跑，要我做製作給他們，他們誤以為這種清單是什麼寶貝，而我在 Spotify 內部用專門的工具想製作出這種東西，要遠比外頭的人靠公開的應用程式介面做來要簡單得多了。而我的想法，是既然是爛點子，那浪費的時間愈少愈好。

但話說回來，我承認我有時候也會去看個兩眼。事實上隨機清單的內容往往並沒有想像中那麼令人意外，而這一點本身反而還比較令人意外。這個世界說大很大，說小也很小。如果把這世界的「雖大猶小」視為一種悖論，那隨機歌曲就是這種熵[1] 一般的悖論的

配樂了。探索不需要遵循任何現存的路徑，也不需要找到某個地標或海角天涯。條條大道或小徑都會通往某個地方；這張清單會讓你哪裡都到不了，也會讓你哪裡都去得了。

　　你需要做的事情就一件：聽就好。

　　　　　　　　　▷　串流音樂為何能精準推薦「你可能喜歡」

① entropy，可以簡單理解為無序的亂度，無外力干擾下，系統都會自動趨於最大的亂度。

串流音樂為何能精準推薦「你可能喜歡」：
從演算機制、音樂經濟到文化現象，前 Spotify 資料鍊金師全剖析
You Have Not Yet Heard Your Favourite Song
How Streaming Changes Music

作者	葛倫・麥當諾 Glenn McDonald
譯者	鄭煥昇
副社長	陳瀅如
總編輯	戴偉傑
主編	李佩璇
編輯	邱子秦
校訂顧問	Brien John
行銷企劃	陳雅雯、張詠晶
內文排版	張家榕
封面設計	廖韡
出版	木馬文化事業股份有限公司
發行	遠足文化事業股份有限公司（讀書共和國出版集團）
地址	231 新北市新店區民權路 108-4 號 8 樓
電話	(02)2218-1417
傳眞	(02)2218-0727
Email	service@bookrep.com.tw
郵撥帳號	19588272 木馬文化事業股份有限公司
客服專線	0800-221-029
法律顧問	華洋法律事務所　蘇文生律師
印製	漾格科技股份有限公司
初版	2024 年 12 月
定價	520 元
ISBN	9786263147492
	9786263147416 (EPUB)
	9786263147423(PDF)

串流音樂爲何能精準推薦「你可能喜歡」：從演算機制、音樂經濟到文化現象，
前 Spotify 資料鍊金師全剖析 / 葛倫‧麥當諾（Glenn McDonald）作；鄭煥昇譯 .-- 初版 . --
新北市：木馬文化事業股份有限公司出版：
遠足文化事業股份有限公司發行，2024.12
368 面 ; 14.8×21 公分
譯自 : You have not yet heard your favourite song : how streaming changes music
ISBN 978-626-314-749-2(平裝)

1.CST: 音樂 2.CST: 產業發展 3.CST: 網路產業 4.CST: 數位產品

489.7   113013812

特別聲明：有關本書中的言論內容，不代表本公司出版集團之立場與意見，文責由作者自行承擔